# 微表情心理学

## 解码微心理，别让表情出卖了你

译 文◎编著

010000000100 0100 1 001010 10    0100010    0000

01000    0000    10000000100    010001000

01000100000    0100 1 001010 10

010001    010010 000100

0100010

0000    0100010

0100

01000100000100000    010001    0100010000

0000

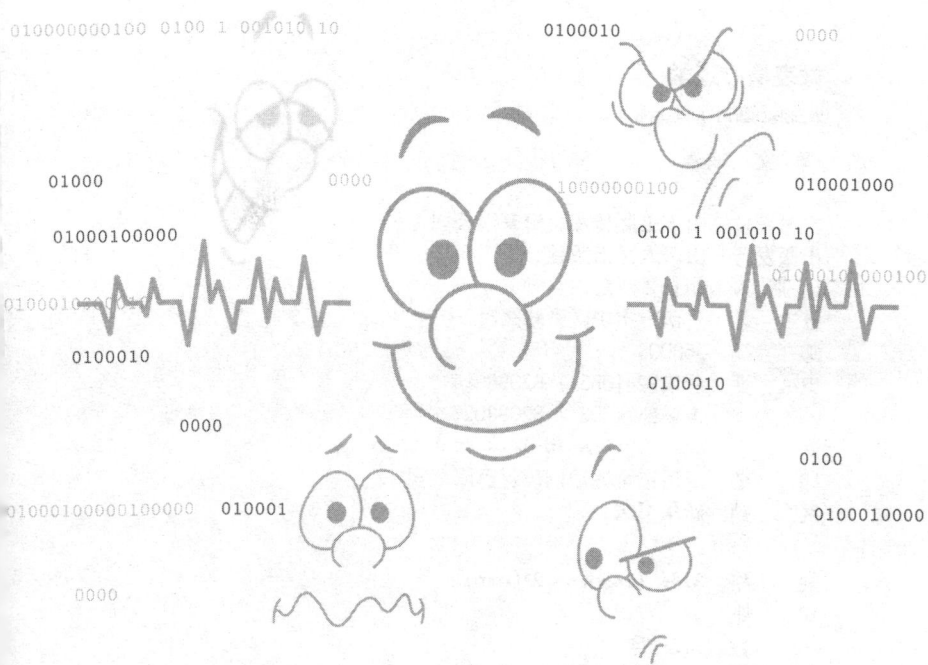

山东人民出版社·济南

国家一级出版社 全国百佳图书出版单位

**图书在版编目（CIP）数据**

微表情心理学 / 译文编著. -- 济南 ：山东人民出
版社，2019.10 （2023.3重印）
ISBN 978-7-209-12403-4

Ⅰ．①微… Ⅱ．①译… Ⅲ．①表情－心理学－通俗读
物 Ⅳ．①B842.6-49

中国版本图书馆CIP数据核字(2019)第227043号


**微表情心理学**

WEIBIAOQING XINLIXUE

译 文 编著

| | |
|---|---|
| 主管单位 | 山东出版传媒股份有限公司 |
| 出版发行 | 山东人民出版社 |
| 出 版 人 | 胡长青 |
| 社　　址 | 济南市市中区舜耕路517号 |
| 邮　　编 | 250003 |
| 电　　话 | 总编室（0531）82098914 |
| | 市场部（0531）82098027 |
| 网　　址 | http://www.sd-book.com.cn |
| 印　　装 | 三河市金兆印刷装订有限公司 |
| 经　　销 | 新华书店 |

| | |
|---|---|
| 规　　格 | 32开（145mm×210mm） |
| 印　　张 | 5 |
| 字　　数 | 112千字 |
| 版　　次 | 2019年10月第1版 |
| 印　　次 | 2023年3月第3次 |
| 印　　数 | 20001-50000 |
| ISBN 978-7-209-12403-4 | |
| 定　　价 | 36.80元 |

如有印装质量问题，请与出版社总编室联系调换。

Contents 目　录

**Chapter 1**

# 藏在微表情里的秘密

# 人类表情的方式

人的表情主要有三种：面部表情、身体姿态表情和语言声调表情。面部是最有效的表情器官，面部表情的发展在根本上来源于价值关系的发展，人类面部表情的丰富性来源于人类价值关系的多样性和复杂性。

**面部表情**

人的面部表情主要表现为眉、眼、嘴、鼻以及面部肌肉的变化。

眉：眉间的肌肉皱纹能够表达人的情感变化。柳眉竖起表示愤怒，横眉冷对表示敌意，挤眉弄眼表示戏谑，低眉顺眼表示顺从，扬眉吐气表示畅快，眉头舒展表示宽慰，喜上眉梢表示愉悦。

眼：眼睛是心灵的窗户，能够最直接、最完整、最深刻、最丰富地表现人的精神状态和内心活动，它能使人们彼此之间自由地沟通，能够创造无形的、适宜的情绪氛围，代替词汇贫乏的表达，促成无声的对话，使两颗心相互进行神秘的、直接的窥探。

眼睛通常是情感的第一个自发表达者，透过眼睛可以看出一个人是欢乐还是忧伤，是忙碌还是悠闲，是厌恶还是喜欢。从眼神中有时可以判断一个人是坦然还是心虚，是诚恳还是伪善：正眼视人，显得坦诚；躲避视线，显得心虚；斜眼看人，显得轻佻。眼睛的瞳孔可以反映人的心理变化：当人看到有趣的或者喜爱的东西时，瞳孔就会扩大；而看到不喜欢的或者厌恶的东西时，瞳孔就会缩小。目光可以委婉、含蓄地表达爱抚或推却，允诺或拒绝，央求或强制，询问或回答，谴责或赞许，讥讽或同情，企盼或焦虑，厌恶或亲昵等复杂的思想和愿望。眼泪能够恰当地表达人的许多情感，如悲痛、欢乐、委屈、思念、温柔、依赖等。

嘴：嘴部表情主要体现在口形变化上。伤心时嘴角下撇，欢快时嘴角提升，惊讶时张口结舌，愤恨时咬牙切齿，忍耐痛苦时咬住下唇。

鼻：厌恶时耸起鼻子；轻蔑时嗤之以鼻；愤怒时鼻孔张大，鼻翼抖动；紧张时鼻腔收缩，屏息敛气。

面部肌肉：面部肌肉松弛表明心情愉快、轻松、舒畅；肌肉紧绷表明痛苦、紧张、严肃。

一般来说，面部的各个器官是一个有机整体，协调一致地表达出同一种情感。当人感到尴尬、有难言之隐或想有所掩饰时，其五官将出现复杂而不和谐的表情。

**身体姿态表情**

人的情感状态、能力特性和性格特征有时可以通过身体姿态来自发地或有意识地表达出来，从而形成身体姿态表情。当人处于强烈的兴奋、紧张、恐惧、愤怒等情感状态时，往往抑制不住身体姿态表情的变化，比如演员就经常通过夸张的身体姿态来有意识地表达角色的情感变化。

人的身体姿态表情是丰富多样的。正襟危坐可知其恭谨或紧张，坐立不安可知其焦急慌神。手舞足蹈可知其欢乐，捶胸顿足可知其懊恼，拍手时可知其兴奋。振臂时显得慷慨激昂，握拳时显得义愤填膺，不停搓手表示心中烦躁不安。脚步轻盈表明心情愉快，脚步沉重而不均匀表明处境不佳，脚步迟缓表明心事重重，脚步铿锵有力表明勇敢与坚强。昂首挺胸表明自信与自豪，点头哈腰表明顺从与谦恭。手忙脚乱表明心情紧张，全身颤抖又冒虚汗表明心虚害怕。

### 语言声调表情

语言本身可以直接表达人的复杂情感，如果再配合恰当的声调（如声音的强度、速度、旋律等），就可以更加丰富、生动、完整、准确地表达人的情感状态，展现人的文化水平、价值取向和性格特征。

根据语言声调的不同特点可以判断人的情绪状态和性格特征：悲哀时语速慢，音调低，音域起伏较小，显得沉重而呆板；激动时声音高且尖，语速快，音域起伏较大，带有颤音。说话语速较快、口误多的人被认为地位较低且又紧张；说话声音响亮、慢条斯理的人被认为地位较高且悠然自得；说话结结巴巴、语无伦次的人缺乏自信，或者言不由衷。男声中如带气息声，被认为较年轻，富有朝气，富有艺术感；女声若带有气息声，被认为美妙动人，富有女人味；平板的声音被认为冷漠、呆滞和畏缩；喉音使男性显得成熟、世故和老练，判断力强，但使女性失去魅力；女中音和男低音代表暴躁气质；女高音和男高音多表明为人活泼。急剧的变调对比表达脾气暴躁；音调的抑扬婉转显露活泼的天性，表明气质温和柔顺；声音的旋律可以表达人的欢乐与苦闷、希望与企盼。

## 微表情的定义

在生活中，控制和伪装的表情数量，要远远多于真实表达情绪的表情数量。很多时候，人们那些不受控制的细微表情会"泄露"出一些真实的信息。心理学上将这种不受思维控制的，由情绪引发或者习惯使然的表情称为微表情。微表情最短可持续1/25秒，虽然一个下意识的表情可能只有一瞬间，但这种特性很容易暴露情绪。这些持续时间极短的面部表情会突然一闪而过，而且有时会表达相反的情绪。

人的面部可以传输信息，它是媒介，是信息传输器。"阅读"一张脸时，有非常多的信息可以帮助人们去发现假装的表情。其中，包括脸的基本结构和肌肉特性：这张脸是很长且棱角分明的，还是又圆又胖？通常，看到一张陌生的面孔后，人们会在脑海中，在认识的人里找出脸型相似的人。人们也会通过眼镜、妆容、文身或穿孔等人为装饰做出自己的判断。

通过观察一个人的表情，就能断定自己是不是喜欢这个人。通常人们把这归因于下意识、直觉或是本能感觉。

微表情是无意识的，总是一闪而过，通常让人难以察觉。实验证明，只有10%的人能察觉到。比起人们有意识做出的表情，微表情更能体现人们真实的感受和动机。如果某人很自然地表现"高兴"的表情，且其中不含有其他微表情，就能断定这人是高兴的。但是如果其间有"嗤笑"的微表情闪现，就算你没有刻意去察觉，也会更倾向于认为这张"高兴"的面孔是狡猾的或不可信的。

另外，微表情除了指短暂的表情外，在应用上更倾向于指那些被抑制的表情。譬如在明显悲伤的情况下，某人表现出大部分悲痛的表情，嘴角却抑制不住地上翘，这说明这个人明显希望表现出悲伤的情绪，但是却不由自主地出现了微笑的微表情。由于自身理性的抑制，这个微表情表现得不明显抑或较为短暂。类似这样的差异在微表情分析中更为常用。

# 心理应激微反应

　　微反应，在心理学上称为"心理应激微反应"。它是人们在受到有效刺激的一刹那，不由自主地表现出的不受思维控制的瞬间真实反应。微反应从人体本能出发，不受思想的控制，无法掩饰，也不能伪装。

　　微反应包括三个方面的内容：一是本书主要讲解的"微表情"，属于"面孔微反应"；二是除了表情外，其他能够映射心理状态的身体动作，心理学家称之为"微动作"，也就是人们常说的"小动作"，属于"身体微反应"；三是语言信息本身，包括使用的词汇、语法以及声音特征等，被称为"微语义"，属于"语言微反应"。

　　很多人看完曾经风靡一时的美剧《别对我说谎》之后，还要实践一下里边用的识谎妙招，幻想有一天能像剧中男主角那样，从别人的动作、表情中识别谁在说谎。每一集的剧情里，男主角都能通过识别他人的微反应找到真正的案犯。

　　现实生活中，我们会发现有一部分人能很好地掩饰自己的真实想法，你看不出他是真的高兴还是曲意逢迎。但事实上，这些伪装得很好的人也会通过微反应泄露自己的真实想法。心理学认为，微反应是一种下意识的反应，并不受我们大脑的理性控制，通常会在你意识不到的情况下表现出来。而且，它恰恰能反映一个人内心的真正意图。

具体来说，人大致有以下几种微反应：

### 安慰反应

这是人受到负面刺激（批评、压力、否定等）后可能出现的反应。安慰反应在说谎的时候尤其常见且明显，因为说谎是迫于某种压力而进行的行为。如果对话的情境存在某种压力，那么安慰反应可以映射出此人当时的内心状态——不舒适。

### 爱恨反应

这是人与人之间心理距离的两个极端——爱和恨所主导产生的反应。爱的时候希望对方也能爱，会担心对方不爱；恨的时候就主动拉开距离，会咬牙切齿地质问"为什么不爱我"，甚至做出更疯狂的举动。身体间的距离，可以体现出人和人之间的心理距离。人的某些行为，也可以体现出其内心的喜爱与厌恶。

### 领地反应

这是人在自己的"领地"中所表现出来的领导风范。在自己的地盘，人会表现得放松、自在、威严，还可以毫不费力地指挥。如果有人侵入自己的领地范围，则会引起强烈的警觉和反击。观察人的姿态和动作，可以判断出其内心是否具有安全感，而挑战对方心中设定的领地范围，可以激起对方强烈的愤怒。领地反应可以帮助建立心理测试中的有效刺激。

### 冻结反应

这是人在受到意外刺激时的第一反应。突如其来的刺激，会让人瞬间出现短暂的停顿，用来看清状况，思考对策。如果在一个问题出现后，对方出现瞬间的行为停滞，说明这个问题让对方感到意外，意外的刺激是打破对方心理防线的有效手段。

### 仰视反应

这是人对自己的能力高低、地位差异、胜败预测、优劣定位进行判断后的反应。进化积累的本能，使得人会仰视比自己高大的对象，蔑视比自己矮小的对象；反之，人会本能地尽量抬高自己的身体以期建立优势，也会在认怂的时候，把自己的身体放低。所以，观察一个人的体态高低，可以判断其内心的自我定位。

### 逃离反应

这是人感受到厌恶或恐惧的时候产生的反应。如果面对的刺激具有威胁性（可能伤害到自己），而自己又没有改变局面的信心，则会出现逃离反应。远古时代的逃离是跑，现代社会的逃离则多数比较隐晦。出现逃离心理，可以判断出行为人内心对刺激源所持的负面心态、厌恶或恐惧心理。

### 胜败反应

这是战斗结束之后的表现。胜利的人趾高气扬，失败的人垂头丧气。观察被测试人的胜败反应，可以用来分析此人的心态，还可以用来预测事情的走向。

### 战斗反应

这是人在愤怒时的最强表现。引发愤怒和战斗的原因，无论多么具体，都可以归结为生存和繁衍中遇到的威胁，比如"同行是冤家"可以溯源到对生存的威胁，"冲冠一怒为红颜"则可以溯源到对繁衍的威胁。一旦战斗反应出现，除了可以逆推出愤怒情绪外，还可以预见"不会轻易放弃"的行为趋势。

了解了这些具体的微反应，我们就能根据对方的表现来判断其真实的内心感受，从而做出最正确的行为反应。

# 笑的类型

笑的表情有很多种，有微笑、苦笑、嘲笑等。笑本来是为了缓和紧张感而生的，然而像嘲笑或怜悯的笑之类的，反而是在不愉快的场合中出现的笑。

在生活中，我们可以根据不同类型的笑，来了解他人微妙的心理情况。

### 笑时抿着嘴

一个人笑时抿着嘴，会让他人感觉到他的优越感。这种笑，有时会让人觉得不舒服。这种人可能容易轻视他人，而且丝毫不加掩饰，不谙别人心理的微妙之处，是独善其身的人。即使自己发生失误，也会假装"不关我的事"，一副若无其事的样子，会不在乎地推托抵赖。

### 笑声爽朗

笑声爽朗的人性格开朗，从心里感到放松，常有豪迈的笑或高声笑。只不过，在不太自然的情况下大笑，会令人感觉有别的意图，如故意显示自己很了不起，让人觉得自己很豪爽。有的人外表看起来豪爽，然而内心有强烈的自卑感与不安，想以大笑来隐藏，属于个性扭曲、不想让人看见真心的那种类型。

### 笑时发出咪咪声

常常这样笑的人性格较温顺，是谨慎保守的老好人，会在背后帮忙。假如故意这么笑的话，就有嘲笑人的因素在里头。

**笑时不出声，有时候会唇部向上移动，略呈弧形，但牙齿不会外露**

这种人大多是比较真诚的，旨在表示接受对方，待人友善。这种人比较亲和，个性自得其乐，充实满足，没有太大的竞争心理。

**笑时嘴巴向两侧张开，上齿显露在外**

表明此人单纯没有城府，不会钩心斗角，可以真诚交往。

**笑时嘴巴大张，呈弧形；上齿下齿都暴露在外，并且张开；口中发出"哈哈哈"的笑声，带有少许的肢体语言**

在比较轻松的交际氛围中，哈哈大笑是一个人爽朗、不拘小节的表现，表明此人易于沟通，且人品值得信任。面对此人不能表现得心胸狭窄，否则会适得其反。

**一位女士对男士抿嘴一笑，眼角上翘，上下眼睑距离变小**

这是女士表面害羞矜持，内心比较满意的笑容，这就到了男士展现魅力的时候了。

**在没有任何征兆的前提下发出笑声，脸部表情少，主要靠声音来表现笑容**

这种笑在气氛尴尬的场面可能是打破沉闷气氛的一种手段，此种笑声表明此人有能力掌控局面。当在一种竞争的氛围下，故意地笑且伴有些许的肢体语言，如伸手拿水杯或拍拍沙发扶手等，那表明他在试图缓解紧张的情绪，寻找对自己有利的因素。

**笑时发出的声音比较短促，并伴有不屑的情绪**

这时试着只看其眼睛周围，如果没有出现褶皱，眼尾不是向上弯起，表明此人虚伪或对你没有产生交际兴趣。这时避开他擅长的话题，在自己比较精通的领域上多下功夫，让他对你有所顾忌而不是蔑视不理。

**在笑的同时脸泛红潮或者惨白，并且面部即刻表现出扭曲、不自然**

表明此人有说谎的嫌疑，或是为被揭穿后有可能造成的形象损害而感到不安。这时可看利害关系，或宽容，或直接揭穿给其致命一击。

**笑时总是脸部泛红且时间长，脸部没有激动扭曲**

表明只是害羞，这时只需说一句玩笑话就能让他对你心生谢意，从而拉近彼此之间的关系。

**笑时像被击中痛处一样，嘴角向上弯曲幅度较大，五官像拧紧一样刻意表现出笑意**

这是痛苦的笑。这时对于施痛者的一句幽默反击是解救此人痛苦的最大帮助。如果对露出这种笑容的人表以安慰，那么将痛上加痛。

判断一个人是不是从内心发出的笑，只要留意其眼睛和全身即可得知。不自然的笑或有目的的笑，通常嘴角堆着笑，但眼睛却没有笑意。此外，身上也没有很兴奋的反应。

# 眉毛传达的心意

众所周知，人体所有的器官，都有其存在的意义。眉毛的存在也是有作用的。眉毛广为流传的一个作用，是配合人类的直立行走姿态，防止汗液、雨水等刺激源在重力的作用下直接侵害眼睛。仔细观察一下眉毛，可以发现每根毛发的走向，都是向上或者呈水平方向向两侧生长的。这样的走向可以有效地引导小滴液体避开眉毛下方的眼睛，从两侧流下。

但眉毛的功能不仅是保护眼睛，它对于人类而言，还有另外一个重要的功能，就是表达心意。

眉毛既然属于面部的一部分，它就是面部表情不可缺少的成员，换句话说，它所反映的信息和眼睛、鼻子、嘴巴反映的信息一样重要。打个比方，在社交场合，一个人的眼睛、鼻子、嘴巴、眉毛分别有着不同的变化，如果我们只注意到了眼睛、鼻子和嘴巴的变化，而忽略了眉毛的变化，那么我们从对方面部所获取的信息就是不完整的，这样很容易让我们会错对方的意。

同样，如果对方很善于隐藏，除了眉毛有些细微的变化外，其他部位往往很难看出什么异样。这时候，我们不注意观察眉毛，那就无从解读对方内心的秘密，也就不会在交际中掌握主动。

眉毛的运动，主要有额肌收缩造成的眉毛上扬，皱眉肌收缩造成的皱眉，由眼轮匝肌和降眉间肌共同收缩造成的眉毛下压。不同的组合，可以形成五种主要形态，而每一种形态所反映的心理也各有不同。

第一种是正常形态。在人们神志清醒，没有受到负面刺激，也没有需要关注的事物，眼睑正常睁开时，眉毛形态为正常形态。眉毛的正常形态大多是两道向下弯曲的弧。

第二种是眉毛高抬。一般来说，在正常的惊讶表情中，眉毛往往和上眼睑一同上提，高于常态，眉毛抬得越高，表示惊讶程度越大。

此外，还有另外一种情况也会抬高眉毛，那就是对自己所说的内容比较自信，甚至认为他人也应理所当然地认可。所以，在明知故问的时候，经常会出现这种快速的双眉高挑。即使在不说话的时候，一个快速的挑眉，也能够让信息接收方了解到这种默契，就像在暗示对方"你懂的"。

第三种是下压状态。下压状态是指眉头、眉体和眉梢整体向下移动，眉毛整体与上眼睑缘之间的距离缩小。眉毛在下压形态时，眼睑也会呈现半闭合状态，如果整体看上去较紧绷，则表示对某种负面视觉刺激源的重度关注。

这种关注源于希望获取更多信息的本能，比如看到某种事物与自己所预期的不相符，一般其内心潜台词是"怎么会这样"。有时也表达不满或者厌恶等情绪。可以归纳出的共同点是，眉毛整体下压，意味着被测试人感受到了压力，下压和眼睑紧绷的程度越大，意味着压力也越大，关注程度也越高。

眉毛下压，眼睑半闭合，这一眉眼动作组合，是很多负面情绪的表现形式，比如不高兴、威胁、忧虑等。

第四种是愤怒状态。当人处于愤怒状态时，眉头会向面孔中线皱起、下压，眉梢向面孔两侧的斜上方挑起。常言道，"剑眉倒竖，虎目圆睁"，描绘的就是这个样子。

愤怒的眉毛状态，由两种神经系统状态复合而成：一是关注，二是准备进攻。

第五种是悲伤状态。在人极度悲伤的时候，眉头会抬高，眉梢会降低。在没有充分的悲伤情绪时，要把这个动作做到非常明显是很有难度的。通常，无论是眉头的抬高还是眉梢的降低，都不会很明显，更多的时候，是一种相对的位置改变。而这种相对的改变，是要根据被测试人在平静表情时确立的基线状态来判断的。

其实，眉毛的各种变化和各种不同心态是相一致的。观察一个人的心理活动，看他的眉毛是很必要的，尤其是在眉毛运动的时候。

**扬眉**

当一个人双眉上扬时，表示非常欣喜或极度惊讶；单眉上扬时，表示对别人所说的话、做的事，不理解或有疑问。

**皱眉**

皱眉分为两种，即防护性和侵略性皱眉。防护性皱眉的目的是保护眼睛免受外来的伤害，在皱眉时还需把眼睛下面的面颊往上挤，眼睛仍是睁开的。当面临外界攻击或突遇强光、强烈情绪反应时通常会有这种反应。侵略性皱眉是出于防御时的反应，这种皱眉是担心自己侵略性的情绪会激起对方的反击，与自卫有关。如果一个人深皱眉头，表示这个人内心忧虑或犹豫不决。

**眉毛打结**

眉毛打结，即眉毛同时上扬及相互趋近，和眉毛斜挑一样。

当人们有严重的烦恼和忧郁时，通常会表现出这种表情，有些有慢性疼痛的患者也会如此。

### 眉毛闪动

眉毛闪动就是眉毛先上扬，瞬间内再下降。这是全世界人类通用的表示欢迎的信号，是一种友善的行为。当眉毛出现闪动时，说明对方心情愉快，内心赞同或对你表示亲切。眉毛闪动通常伴有扬头和微笑，但也可能自行发生。眉毛闪动经常出现在一般对话里，作为加强语气之用。每当说话要强调某一个字时，眉毛就会闪动，像是在强调"我说的这些都是很惊人的"。

### 耸眉

眉毛先扬起，停留片刻，然后再下降，就是耸眉。耸眉还经常伴随着嘴角迅速而短暂地往下一撇。耸眉表示的是一种不愉快的惊奇，有时也表示一种无可奈何的样子。此外，在热烈的谈话中，当讲到重要处时，人们也会不断地耸眉，来强调他所说的话。

### 眉毛斜挑

眉毛斜挑是两条眉毛中的一条向下倾斜，另一条向上扬起，扬起的那条眉毛就像一个问号，反映了眉毛斜挑者那种怀疑的心理。在成年男子脸上能较多地看到这种无声语言。

# 眼神的秘密

你知道人们眼球的转动常常在向大众传递怎样的信息吗？向哪里看是在回忆，向哪里看又是在思考呢？下面，让我们共同来研究一下眼球转动所透露出的人们内心的秘密。

科学研究证明，在眼球后方感光灵敏的角膜含有1.37亿个细胞，它们将收到的信息传送至脑部。这些感光细胞在任何时间均可同时处理150万个信息。这就说明，即使是一瞬即逝的眼神，也能发射出千万条信息，表达丰富的情感和意向，泄露心底深处的秘密。所以，眼球的转动，眼皮的张合，视线的转移速度和方向，眼与头部动作的配合所产生的奇妙复杂的眉目语，都在传递着信息。

科学家对眼睛做了详细的研究后证实：如果一个人感到快乐、喜爱和兴奋的时候，他的瞳孔就会放大至平常的四倍；相反的，如果体验到生气、讨厌、消极的情绪，瞳孔就会收缩得很小；如果瞳孔没有变化，就表示他对所看到的事物漠不关心。

心理学家艾克斯莱恩等人曾做过人们对视的实验。实验结果表明，如果事先指示受测者"隐瞒真意"，在受测中，注视对方的比率，男人会降低，女人则反而提高。男人在未接到指示的情况下，其谈话时间内有66.8%的时间在注视对方；但得到指示后，却只有60.8%的时间在注视对方。至于女人，在接受指示之后，居然能提高到69%的时间在注视对方。因此，当在公开场所遇见女人注视自己过久的时候，不妨认为她可能心中隐藏着什么，要注意她言不由衷的真相。

另一方面，人的视线活动方式，也反映着人的心态。一般认为，目不转睛地注视对方谈话的人较为诚实，但不一定是自始至终都盯着不放。

相反，移开视线，其情况又如何呢？一般认为初次见面时，先移开视线者，其性格较为主动。另外，谈话中，一个人是否能占上风，在最初的30秒即能决定。当视线接触时，先移开目光的人，就是胜利者。相反，因对方移开视线而耿耿于怀的人，就可能胡思乱想，以为对方嫌弃自己，或者和自己谈不来，因此，在无形中对对方的视线有了介意，而完全受对方的牵制。正因为如此，对于初次见面就不集中视线跟你谈话的挑战型对象，应特别小心应付。

不过，同样是移开视线的行为，如果是在受人注意时才移开，那又另当别论了。一般而言，当我们心中有愧疚，或有所隐瞒时，就会产生这种现象。一位名叫詹姆士·薛农的建筑家，曾经画过一幅皱着眉头的眼部抽象画，这幅画被镶于大透明板上，然后悬挂在几家商店前，其用意是想借此减少偷窃行为。果然，在悬挂期间，偷窃率大大减少。虽然它并不是真正的眼睛，但对那些做贼心虚的人来说，却构成了威胁。他们极力想避开该视线，以免有被盯梢的感觉，因此，便不敢进商店内，即使走进商店里，也不敢行窃了。

# 丰富多样的嘴部动作

嘴巴的重要作用之一是进行语言表达，它是人类宣泄内心情感的重要通道。人际交往离不开语言交流，在与人交流时，嘴部动作也是丰富多样的。其实这些嘴部动作都与说话人的心理活动密切相关，都能反映出说话者的内心状态。无论是古代的相术还是现代的心理学，嘴部都是需要特别关注的部位，是打开人们内心世界的一把钥匙。

达尔文很早就指出，以手掩嘴是一种吃惊的姿势，说完话后突然以手掩口的人，暴露出一种由自我怀疑到完全说谎的情绪（掩嘴还有偷乐、吃惊、害羞或短暂的思考之意）。生理学告诉我们，人的脸部肌肉会随着感情的变化而变化，其中尤以眼睛和嘴部四周的肌肉最为明显。根据嘴角弧度的不同，嘴部动作可以分为很多种，或张开或闭合，或向上或向下，或向前或向后，或抿紧或放松，不同的嘴部动作反映了不同的心理活动。例如，嘴角上扬表示喜悦，嘴角下垂表示痛苦，嘴巴大张表示惊讶，嘴唇紧闭表示生气等。

心理学家研究了种种嘴部动作所代表的心理状态，最常见的有以下几种。

### 舔嘴唇

当人们面临很大的压力时，通常会感到口干舌燥，于是会用舌头不断地舔舐嘴唇，来让它湿润些。同样的道理，当人们感到不自在或者紧张时，也会用舌头反复地摩擦嘴唇，以此来安慰自己，并试图使自己镇定下来。

然而，在人际交往中，过多地舔舐嘴唇并不会令自己感到更自信；相反，它会让自己感到更加紧张。因此，类似这样的抚慰性动作还是尽量少一些的好。

**咬嘴唇**

咬嘴唇其实是释放压力的一种方式，当人们心有愤怒或怨恨，却又苦于无处发泄时，常常以此来表达自己内心的不满和紧张。而当我们遭遇失败等情形时，也常常会做出咬嘴唇的动作，似乎是在有意惩罚自己。

心理学家认为，咬嘴唇的动作源于婴儿时期的吮吸动作，类似的动作还包括咬指甲、咬笔杆和嚼口香糖等。这些动作能帮助我们平复心情。

**捂嘴**

捂嘴的动作常见于儿童。当孩子们撒了谎之后，他们可能会立刻用一只手或双手捂住自己的嘴巴，似乎是想以此来管住自己的嘴巴，不让其再说不该说的话。

成年以后，人们很少再做出如此夸张的举动。但是，每当他们撒了谎，或者说错了话之后，依然会把手伸向嘴巴，似乎是想以此来收回刚才所说的话。只不过，他们举起的手并没有放在嘴巴上，而是在轻轻划过鼻梁后，最终又归于原位。

**抿嘴**

当人们面临压力时，一种常见的反应是抿紧自己的嘴唇。随着压力越来越大，原本丰满的嘴唇会逐渐变得扁平，最终成为一条直线。此时，人们的情绪和自信也跌至谷底。

从心理学的角度来看，嘴唇紧抿是自我抑制的表现，就好像是大脑在告诉我们"紧闭嘴巴，不要让任何东西进入身体里"。这个动作将当事人的焦虑之情暴露无遗。

**撇嘴**

当人们不开心的时候，经常会做出下唇向前伸、嘴角下垂的动作，也就是我们常说的撇嘴。与嘴角上扬表示喜悦相反，撇嘴的动作表达了一种负面的情绪。每当人们感到悲伤、绝望、愤怒、不屑、鄙夷的时候，他们的脸上就会浮现出这样的表情。

**噘嘴**

当一个人的嘴唇往前噘的时候，往往表明他心存不满情绪或不同意见。从心理学的角度来看，这是当事人希望将不满意的意见"拒之门外"的意思。在开会时，当一个人不同意其他人的意见时，往往会做出这样的举动。

值得注意的是，除了心存不满外，噘嘴的动作也常见于爱撒娇的女性。因此，具体分析时，要联系不同的肢体语言和情景来做出判断，不能一概而论。

# 用鼻子表达情绪

　　人类用语言来联络感情，而在其他动物的世界里，表情是它们联络感情、表达情绪的主要途径。仔细观察，你就会发现大多数动物喜欢用龇牙和扩张鼻孔来向对方传递攻击信号。尤其是像黑猩猩这样的灵长类动物，每当它们生气或发怒的时候，往往会将鼻孔扩张得很大。从生理学上来说，它们这样做是为了让肺部吸入更多的氧气；但是，从心理学上来说，它们这是在为战斗或逃跑做准备。

　　和其他动物一样，人类也能用鼻子来表达自己的情绪。比起其他动物，人类运用自己身体的各个器官更为灵活。那么，鼻子当然也在我们的运用范围之内，我们在表达自己的情绪时自然也会借助鼻子。

　　在医学上，鼻子是呼吸系统中的重要器官。鼻子居于整个面部的中央，高高耸立，上接天庭，下临人中。它的主要功能是辨别气味，吐故纳新，是人体的主要器官之一。

　　很早以前，就有学者研究表明：人的鼻子是会动的。学者观察发现，在受到异味和香味刺激时，鼻孔会做出明显的伸缩动作。在气味较刺激的情况下，整个鼻体也会微微地颤动，接下来往往就出现打喷嚏现象。

　　人们常常将那些高傲的人称为"鼻孔看人"。虽然鼻孔并不具备看人的构造和功能，但在高傲者的情绪表达过程中，它却很喜欢扮演这样的角色。将头颅高高扬起的人传达着一种不屑、骄傲的情绪，他们仰头的样子，就好像是要将自己的鼻子高高耸起来一样。而在日常生活中时常将自己的鼻子高高耸起的人，多是清高、不合群的。

粗大的鼻子显示一个人有着充沛的生命力，相反，鼻子细小则给人一种单薄的感觉。前面所说，人的五官中，眼、嘴甚至是眉毛都能显示一个人的性格，鼻子当然也不例外，光是鼻子的形状就能很清楚地告诉我们，它的主人有着什么样的性格特征。

回想一下，当我们在和别人交谈的时候，如果我们对对方的话表示犹豫或者对对方不信任，那么，我们是不是通常会用手不停地摸自己的鼻子，从而来释放我们内心的不良情绪，缓解双方之间的尴尬气氛？这时候，如果对方能够从我们摸鼻子的动作中解读出我们内心的秘密，那么，他就会采取相应的措施来补救，否则，我们和对方之间的交谈肯定会以失败而告终。

可见，对鼻子动作的解读同样是交际中不可或缺的重要内容之一。

鼻子除了协助口腔来制造鼻音外，它也有自己的声音表达方式。它奇特的构造让自己具备发声的先天条件。当受到外界刺激的时候，鼻子就会以自己独有的语言来发出声音，最常见的就是喷嚏。在打喷嚏之前，鼻子会出现频繁的颤动，伴随着肌肉的抽搐，一个响亮的喷嚏就出来了。

如果人们过于悲伤，就会流泪哭泣，这时候眼泪总是能获取他人最大的关注，号啕的嘴巴也是哭泣的重要组件部位，但鼻子也会在这种时候发出自己的声音。哭泣中的人，鼻子会通过不断抽搐而发出"嗤嗤"声，这样的声音出现就说明此人所受到的刺激较大，情绪压抑的程度较高，算是哀伤层级的一个判断标准和信号。有时候，当眼泪和号哭结束之后，人们还会依旧处于悲伤情绪中，此时鼻子也会持续发出抽搐的声音，这表现自己难以抑制的低落情绪。

此外，鼻子在有些情况下可以通过自己的方式泄露人们内心真实的想法。当一个人表达自己的怀疑态度时，鼻子就会微微向上提起，同时鼻腔里会发出"嗤"的一声。虽然他没有开口说话，但这个声音就是立场最鲜明的表达，出现这种气声的人显然对别人的意见持否定态度。

# 头部动作传递的信息

我们在观察别人时，第一眼看到的就是他的头部。它几乎每时每刻都在动，我们通过他人头部的动作，可以分析出其内心的想法，是赞成还是反对，是友善还是敌意，是感兴趣还是厌烦，等等。

我们在借助动作识人时，首先是通过人的头部，这不仅是因为头长在身体的最上面，最为显眼，更重要的是，头部动作所传递的信息很多。下面，我们就粗略总结几条来看看。

### 直竖着头

中国古代哲学中有"不偏不倚谓之中"。意思是说，头部的姿势如果保持正常状态，说明其人对你提出的观点既不赞成，也不反对，而是保持中立的态度。这类人可能老谋深算，城府极深，要想说服他，就必须要说出有利于他的条件。

### 斜偏着头

一般来说，当我们对某件事或某个人感兴趣，或者对某一观点表示赞同时，会有这样的动作，还会伴随着不断地点头。因此，当别人在对你说话时，你只需要斜着头点头微笑，就会使对方有亲切的感觉，愿意继续与你交谈下去。

### 向下低头

这种头部动作意味着否定。比如，你向领导汇报工作时，如果他听到一半就低下了头，一定是对你的工作不太满意，不愿意再继续听下去。这时，你就应该知趣地停下来，主动将工作完善。另外，当收到批评时，人们也会下意识地低下头，表达歉疚。

**双手在脑后托头**

这类姿势常被认为是成功人士的专利。在社交场合，像会计师、律师、业务经理等，一些自信又有优越感的人，常常做出这种姿势。

**不断点头**

点头大多表示答应、同意、理解和鼓励。当听某人讲话时，只需要向他点点头，笑一笑，就能给对方留下很好的印象。但是，如果这个动作做得过于频繁，就会给人留下敷衍的感觉。

**头向后仰**

这个动作代表着骄傲或自信。但通常情况下，会给人留下不好的印象。比如影视剧里的势利小人，面对不如他的人会经常做出头向后仰，鼻孔朝天的姿势。生活中，一个人若把头部向后仰，其情绪变化大概是从沾沾自喜到自命不凡，再到自认优越。基本上，这种动作会让人觉得是在挑衅，因此，要尽量少用。

**头部突然上扬**

如果是不熟悉的人，头部上扬代表吃惊。如果是熟悉的场合，则表示当事人猛然醒悟，突然明白过来。一般来说，商务交往中，这类动作会给人留下不稳重、不值得信赖的感觉。这样的身体语言也是非常不受欢迎的。

**头部突然低下**

隐藏脸部这个动作，表明当事人是谦卑和害羞的。但如果放在竞争场合，把头低下，则表示当事人承受不了太多的压力，希望能早点结束争辩。

头部属于人体的"司令部"，最先给我们传达他人的内心语言，的确不能忽略。

# 眼睛传达出的内心世界

常言道，眼睛是心灵的窗户，也是最能准确表达人的情感和内心活动的。一个人心性善恶，行为正邪，为人忠奸，都能通过眼睛反映出来。所以，心理学家认为，要想走进别人的内心世界，首先要看的，就是他的眼睛。

**不断眨眼**

说话时不断眨眼，说明一边讲话，一边还在考虑别的事情。听话时不断眨眼，则表明他对你所说的话没有一点兴趣，但又不好拒绝，所以装出一副在听的样子，实则心不在焉。

**瞪大眼睛**

说明他对你说的话很感兴趣，在认真倾听，脑子里也进行着积极思考。如果眼睛圆瞪，嘴巴大张，则说明你的某些话让他很吃惊，有点不敢相信。这时，你需要做出更明确的说明，或者进一步详细的解释，才会令对方接受。

**斜眸一瞥**

喜欢拿眼睛瞥人的人一般都内向害羞。如果这种行为伴随着微笑，就是在告诉别人："我对你感兴趣！"但如果伴随的是撇嘴、眉毛下垂，则表示当事人发出的是一种怀疑、轻视、敌意或者批评的信号。

**挤眼睛**

挤眼睛，就是用一只眼睛向对方使眼色。这表示两人之间有某种默契，所传达的信息是："这个事情我们俩知道就行了。"他们中间若是存在着第三者，则会让其产生被疏远、被孤立的感觉。如果这样的交谈发生在两个陌生人之间，则表示他们对某件事有着共同的看法，代表一种强烈的认同。

通常人们认为眼睛细节能反映内心的不同状况：

1.眼睛闪闪发光，表明其人精力充沛，对谈话很感兴趣；

2.目光呆滞暗淡，表明这个人没有斗志，没有信心；

3.目光飘忽不定，表明其做人做事三心二意，或者拿不定主意，抑或处于紧张不安的状态；

4.目光忽明忽暗，表明其人工于心计，如果此时他正与人谈话，则表示已经听得不耐烦了，希望早点结束交谈；

5.目光炯炯有神，表明其为人正直，有胆识有魄力，值得信赖；

6.主动与人交换视线，则说明其心地坦率，是个直来直去的人；

7.不敢正视或总是回避别人的视线，表明此人内心紧张不安，或者言不由衷，有所隐藏；

8.双目安详沉稳，表明其内心沉稳有主见；

9.双目敏锐犀利，表明其野心勃勃，好胜心强，内藏杀机，锋芒外露，是个有胆识之人；

10.目光游移不定，这类人多半是奸佞小人，应当远离；

11.眼睛清澈澄明，表明其人单纯、豁达，是个值得交往的人；

12.目光浑浊昏暗，表明其性格粗鲁，个性愚笨，为人猥琐、庸俗；

13.两眼似睡非睡，似醒非醒，这是一种老谋深算的眼神，说明其人城府极深，善于图巧，又害怕别人看清他的内心世界。

总之，在人际交往中，我们不仅要听懂语言表达的意思，还要"听懂"眼睛所说的"话"，才能在交往中占据主动和有利地位。

# Chapter 2

# 读懂脸方能读懂心

# 摩擦前额：犹豫不决

两个人下棋，一个人在举着棋子思考时，常常会伴随一个动作——不停地摩擦自己的额头。这是形象的"举棋不定"的动作。在其他场景中，当一个人出现摩擦前额的动作时，代表的也是这个意思。

例如，你询问主管关于产品策划的决定，主管摩擦着前额说："我回头再找你讨论。"

虽然主管没说出他的决定，但是他在说话时摩擦前额的动作说明他尚未做出决定，或者在做决定的过程中遇到了让他很挠头的问题。

另外，人们感到不舒服的时候，也会做出这个动作，也可能是有什么事情让自己感到棘手。

所以，当看到别人做出摩擦前额的动作时，我们应该要明白其中的含义：

（1）看到这个动作，我们首先要想到对方可能身体不适，如果在谈事情，我们可以问一下对方是否需要休息。

（2）在日常交往的过程中，如果你在追问别人结果时，他出现摩擦前额的动作，那就说明对方尚未做出决定，或者你的询问让对方感到不舒服。这时，最好不要紧逼对方，要给对方思考和缓解不适的时间。

# 面部迟疑：谎言信号

说谎的人一般最注意控制自己的语言和面部表情，他们知道交谈的对象特别在意这些，但他们对自己言辞的控制往往比对脸部表情的控制成功。

## 迟疑是谎言的信号

小的时候，我们被关在屋子里做功课，家长突然进来搞袭击，我们迅速将游戏机藏在书本下面。那个时候，我们总以为随便糊弄父母几句，就能蒙混过关，但其实迟疑的面部表情早已将我们的谎言暴露在父母的面前，他们只是不愿意戳穿我们罢了。

一般来看，当一个人试图说谎的时候，脸部总会有些表现。大多数人会通过微笑、点头等动作来调整和掩饰内心的真实活动。然而，心理学家研究发现，人们的脸部表情很难被完全地控制住。

所以，无论怎样遮挡，当你企图说谎的时候，你的整个面部表情还是会出现一瞬间的凝固，我们把这个叫作"面部迟疑"。如果一个人所说的和所想的不一致，那么他脸部的肌肉会瞬间僵硬，持续2～3秒。

掩饰言辞很容易，但要隐藏面部表情却是一件非常困难的事情，只要你细心观察，这一点并不难发现。不要忽视别人迟疑的面部表情，这是一个非常明显的谎言信号。

# 额头出汗：情绪紧张

我们的身体表皮都有汗腺，额部较为丰富。在温度较高的环境下，人们就容易出汗，但很多时候，我们不能仅仅将其视为一种简单的生理反应。

某人在做事的时候，如果额头渗出了汗珠，说明他此刻比较紧张，可能是某种压力所致，这时我们可以给予积极的鼓励，或者默默地陪在他身边。

## 额头上出汗是紧张的表现

小旭在人多的时候讲话总会紧张，可她将来想当老师，于是，大一的时候她为了锻炼自己参加了班级干部的竞选。刚上台的时候，小旭看着下面密密麻麻的人，忽然有种眩晕的感觉，紧张得说不出话来，额头上冒出一层细密的汗珠。辅导员老师见状，鼓励道："没关系的，谁都有第一次，你就当我们全都是白菜。"受到鼓舞，小旭终于迈出了第一步。

在一些比较重大的场合，出现紧张情绪是很正常的现象，但如果总是因为自己的敏感而感到紧张的话，则说明你的自信不够。因而缺乏自信心的人会较多地陷入紧张的情绪中，从而唤醒肌体的生理反应，比如额头冒汗。

# 揉太阳穴：大脑疲劳

太阳穴是人头部的重要穴位，《达摩秘方》中将按揉此穴列为"回春法"，认为常用此法可保持大脑的青春常在，返老还童。

## 疲累的信号

学生去找导师研究毕业论文的问题，讨论了大概两个多小时，老师不自觉地轻揉着太阳穴。学生忽然想到老师上了一天的课，再看看老师依旧认真的态度，不免心生敬佩，想了想决定向老师告辞，说明天再继续研究。

当人们长时间连续用脑后，太阳穴往往会出现重压或胀痛的感觉，这就是大脑疲劳的信号。从医学的角度来分析，按摩太阳穴可以给予大脑良性的刺激，能够缓解疲劳、振奋精神，并且能够使注意力继续保持集中。

所以，一个人用手按揉太阳穴，说明他已经非常疲倦了，需要休息。

另外，人们在感觉厌烦的时候，也有可能做出这样的动作，以缓解自己焦躁的情绪。

人在感觉疲倦的时候，外在表现还是非常明显的，在人际交往的过程中，注意这方面的信息非常重要。

（1）在与人交谈的过程中，如果发现对方做出揉太阳穴的动作，那么你应该识趣地终止本次谈话，对方已经累了，勉强地交谈下去也达不到良好的交流效果。

（2）如果看到一个人莫名地揉着太阳穴，那么他有可能是遇到了麻烦的事情，此刻正感到心烦意乱。

# 脸庞发红：含义不同

"蓝脸的窦尔敦盗御马，红脸的关公战长沙，黄脸的典韦，白脸的曹操，黑脸的张飞叫喳喳……"这是《说唱脸谱》中的经典歌词，生动地描述了不同的脸谱人物。

中国传统戏曲中常用脸谱来表现人物的面容和性格特征，可见，很早以前人们就知道通过一个人的面色来判断一个人。如今，从一个人的脸色变化，我们也能够猜其内心世界的活动状况。

## 脸红代表了什么呢?

（1）羞涩的脸红。脸红是害羞的经典表现之一，看到一个人脸红，我们首先想到的就是对方在害羞。情绪的波动会造成生理唤醒，此时脸红正是生理原因直接造成的。紧张状态下，血液的循环受自主神经系统控制，会将大量的血液集中输送到头部，血流量的增多必然导致脸色变红。

这种害羞的表情常出现在初恋的少女身上，与她的心上人四目相对、脸蛋绯红，一段纯美的感情就以这样的表情拉开了帷幕。

另外，脸红也是涉世未深、感情单纯的表现。

（2）尴尬的脸红。不知道你是否有过这样的尴尬经历，北方的冬天路面很滑，走路的时候一不小心就摔倒了，大多数人起身后的第一个反应是看看周围有没有人，如果有，你的脸会一下变得通红。通常这个时候你会在心里默念："大家都看着呢，好丢脸啊！"

当一个人身处很尴尬的情境时，他会感觉到窘迫，此时他拧成"囧"字状的脸常常会涨红，而脸红的程度往往是和他尴尬的程度成正比的。

（3）愧疚的脸红。当一个人的错误或谎言被别人指出来时，他可能会因为愧疚而脸红。例如，当老师调查打破玻璃的是哪个小孩儿时，老师将小明叫到办公室，严厉地指出他撒谎的事实。这时，小明的脸会瞬间红起来，而且在老师的继续批评下，他脸红的面积甚至延伸到脖子，这都是内心愧疚和后悔所致。

有科学家认为，这种愧疚的脸红对于人类是非常有好处的。东安格利亚大学心理学家雷·克罗兹教授认为："人们通过这种方式发送出对群体致歉的信号……这是人们知道他们做过错事的感觉。它能平息敌对状态，让其他人更快地原谅你。"试想，如果你指出一个人所犯的错误，而他瞬间面红耳赤，从他脸红你知道他内心非常愧疚，因此，你的怒气就会减弱许多，这对双方都有好处。

（4）情绪高涨的脸红。除了以上情况会让人脸红外，还有一些由于外部刺激产生的人的内心情绪高涨也会导致人的脸变红。

例如，一个人站在领奖台上时，领导指着他说这是大家的榜样，此时他的心情会非常激动，会出现两眼放光、脸庞发红的激动表情。再如，一个人跑完长跑，运动带来的高涨情绪也会使他脸红。

　　脸红这种表情在很多场合都有出现的可能，这就要求我们准确地把握不同情境中它所代表的不同含义。

　　（1）一个人看到异性时会脸红，说明她在害羞，我们几乎可以肯定她是喜欢对方的。

　　（2）有人因为出糗而涨红了脸，说明他现在很难为情，如果有个地缝儿的话，他会恨不得钻进去的。

　　（3）生活中总能遇到让我们尴尬或为难的事情，要从容、镇定、灵活地化解难堪的场面，不要太过纠结于其中，否则只会给自己带来沉重的思想负担。

　　（4）当你在批评或指责某人的时候，看到对方的红脸，就要适可而止，因为他已经感到很愧疚了。

　　（5）一个人脸色涨红也可能是激动的情绪所致，如果你有什么重要的事情，最好等他情绪平复了以后再说。

# 面色苍白：多为惊恐

中医有言："有诸内者，必形于外。"意思是体内发生的病变，必然会反映到体表，面色就是其中之一。当看到一张面色苍白的脸时，我们第一反应是：此人一定是生病了。没错，从医学的角度分析，透过一个人不好的脸色，可以初步判断一些内里的病灶。那么，一个人的脸如果突然变白了（美容效果除外），是什么原因导致的呢？

### 惊恐的面色

当我们和别人开玩笑或搞恶作剧的时候，看到被整的人的样子，我们常常会笑着说："瞧你那脸都吓白了！"没错，人在受到惊吓或处于极度恐惧中时，会面色苍白。

当恐惧情绪出现时，肾上腺体会突然释放出大量的肾上腺素，随血液循环到整个身体，刺激末梢神经，迅速导致末梢神经密集区域发生肌肉和血管的收缩，头发和汗毛会立刻竖起来，面部皮肤因肌肉收缩、缺血而变得苍白。

面对突然变白的脸色，我们要分清到底是怎么了。

（1）看到别人脸色突然变白，首先要询问一下对方的身体情况，身体的突然不适可能是脸色差的原因。

（2）你身边的人突然盯着某个方向，脸色苍白，那么你要小心了，危险可能正在向你们靠近，或某处发生了危险恐怖的事件。

# 手按头部或脸颊：渴望安慰和鼓励

看到别人用双手按住自己的头发或脸颊，你会有什么感觉？你可能会想："这人真可怜，他一定很痛苦！"

### 期待得到安慰

出门忘带钥匙，或者到单位了才想起来忘了关电灯或煤气，或者下班了看到外面下着雨自己却没有带伞……这时我们会下意识地用双手按住脸颊或头部。此时，这样的动作表示的是我们希望所爱的人能给予自己安慰和帮助。

人们都特别讨厌那些倒霉的小事，可有的时候它们会接二连三地来到你身边。这时人们的心情往往都比较低落，严重者会意志消沉，希望有人能够给他们一些安慰，让他们倒一倒苦水。

有人用手按着头部或脸颊，说明他现在的情绪比较压抑，试着给他一些安慰和鼓励，哪怕他只是一个陌生人。

# 从左脸判断是否说谎

现在有一款手机软件非常有意思，可以分别将左右脸的表情完全对称地呈现出来。但结果会令你非常吃惊，因为你会发现人的左右脸的表情有着很大的差异。

别人给你看一张照片，原本是左右对称的照片，你却更容易被脸的左侧所吸引。还有一张脸谱照片，左半边为气愤的表情，右半边为微笑的表情，你看过后，却会被左半边生气的表情所吸引。

心理学研究表明，其原因是眼球本身的右侧（对方眼球的左侧）容易移动，故人的观察视线比较容易集中在对方脸部的左侧。

面部是表达情感和态度的首要信息源，一闪而过的面部表情本来就不易察觉，如果你遇上一个说谎高手，并且他对要说的谎言已经准备充分，可能你就无从分辨，这时你就可以通过对方的左脸进行判断。左脸会更加清楚地把他的谎言展现出来，具体表现就是犹豫、僵硬、凝固等，你会发现那半边脸与右脸如此不协调。

人的左脸比右脸的感情流露更为明显，当你无法猜透对方心思的时候，要特别留意一下对方脸部左侧的变化，你会得到有用的信息。

别人跟你讲话的时候，如果他的左脸出现了僵硬或迟疑，那么不要相信他说的话，他可能在欺骗你。

# 摸侧脸：思考和焦虑

摸侧脸是一个常见动作，但也正因为这样而常常被人们忽视，不过这个动作的出现同样能够反映出人们心理世界的变化。

同其他安慰性小动作一样，摸侧脸也具有肌肤安慰的效果，因而它会出现在不同的情境中。

（1）思考的姿势。上学的时候，很多人喜欢挑战高难度的理科题目，实在做不出来的时候就会去找老师，老师可能会一边看着题目，一边摸着自己的脸颊。这时，我们也许会小小地得意一下，心想："老师做这样的题目都有困难，何况是我呢？"

人在专心致志地思考某件事的时候，会下意识地用手去摸自己的脸颊，这与咬铅笔等习惯性动作类似，好像在安慰自己说："一定会想到办法的。"

（2）焦虑的心态。摸侧脸也属于焦虑反应的一种表现，此时的这个动作可完全理解为一种安慰反应。

研究表明，皮肤所受的刺激对神经系统和心理状态具有非常重要的影响。因而，人们感到焦虑的时候，会做出触摸脸颊等动作，以缓解内心的紧张和不安，从而达到安抚自己的效果，就好像我们在提醒自己要冷静一样。

摸侧脸这个动作传递出的信息，能够让我们了解到此人当前的状态，让我们在说话做事的时候更增添一分把握。

当你向某人征求意见或向其提出建议时，如果对方用手摸着自己的脸颊，说明他正在考虑，要给别人做决定的时间。

　　看到别人做出摸侧脸的动作，那么他有可能是在思考，但也有可能是遇到了麻烦的事情，此时最好不要用坏消息去刺激他，因为他已经很焦虑了。

# 双手托腮的人到底在想什么

看到闺蜜双手托腮，坐在椅子上发呆，你可能会伸手在她眼前晃一晃，然后打趣地说道："又在做什么白日梦呢？"

双手托腮的人一般会被认为是爱幻想的人，专注地幻想某一件事情，眼神也是呆滞的。那么这个动作是否也暗含着一些心理行为呢？我们一起来看一下。

（1）替代行为。双手托腮这个动作其实是一种替代行为，用自己的手来代替母亲或者是恋人的手，借此来安慰自己，这是一种渴望爱和温情的表现。

一般做出这个动作的人常常是心有不满，或者有心事，正沉浸在自己的思绪当中，借此填补内心的空白和空虚。很多时候，双手托腮这个动作是在无意识的状态下完成的，动作发出者本人可能全然不知。

（2）心猿意马的表现。人们在聊天的时候，经常会做出双手托腮的动作，多数情况下，它代表的是厌烦。如果是关系非常亲密的朋友，他会毫不客气地抱怨道："好无聊啊，我们能说点儿别的吗？"可如果是一般的熟人，即使他对某个话题很反感，出于礼貌他也不会贸然地打断对方，就可能做出双手托腮的动作。

所以，如果聊天时发现对方正双手托腮，若有所思，别以为他在思考你所说的事情，这个动作恰恰说明他对你的话题根本就不上心，甚至反感这个话题。

　　总之，喜欢做双手托腮这个动作的人，一般都比较缺乏安全感，我们应该多给予帮助和鼓励。说话时看到别人做出了这个动作，那么就不要喋喋不休了，这样别人会越听越烦的，而且会阻碍你们的沟通。

# 磨牙：为难或有压力

磨牙是医学上的一种症状，通常出现在夜间人们睡觉的时候。那么，正常情况下做出磨牙的动作又代表什么呢？

心理学研究发现，人们在遇到为难的问题时，比如迫于某种压力而不得不说谎的时候，可能会出现磨牙的动作。

磨牙这个动作是指上下牙牙尖之间的摩擦，嘴巴会张开一些，看起来像是一种威胁的表情。其实，这是控制内心的紧张状态所致，同时也是一种自我安慰的表现。

很多时候，人们会陷入一种两难的境地，这时会因为必须做出选择而感到压力，但大多数人都不愿意将自己不安的情绪暴露在别人的面前。于是他们做出这种看似有威胁力的表情，来宣告自己的强势，其实是用来掩饰内心的不安。

所以，当人们感到神经紧张、焦虑、抑郁的时候，都有可能出现磨牙的现象。

从心理学角度来分析，磨牙这个动作可以很好地将人们内心的情绪表现出来，虽然并不十分明显，但也可以观察得到。

（1）别人回答你的问题时，如果做出磨牙的动作，那么他极有可能是在说谎或你的问题让他感到为难。

（2）在现实生活中，若经别人提醒，发现自己有磨牙的症状，则说明你承受着较大的压力，要试着放松自己，合理调整情绪。

# 咀嚼频率和力度：冻结反应与自我安慰

有一句话叫作"化悲愤为食量"，是说人们在难过的时候可以大吃一顿，这样能够改善心情，而进食与咀嚼和吞咽等动作是直接相关的。

## 从吃的动作看人

一个人吃东西的时候，比如嚼口香糖时，我们能够观察到他咀嚼的频率和力度。但重要的是变化，如果能感觉到频率和力度有所改变，则说明他的心理正发生着变化。

（1）冻结反应。小雪正在和爸爸妈妈一起吃晚饭，突然听到爸爸说要送她出国念书，她的第一反应便是停下咀嚼的动作，怔怔地看着父亲，因为这个消息对她来说太过意外和震惊。

人在接收到突如其来的意外刺激时，会本能地减少动作，保持静止，因而暂停咀嚼动作是典型的冻结反应。

（2）紧张的情绪。人在受到负面信息的干扰时，会出现情绪的起伏，可能会觉得慌张无措。这个时候，如果他正在吃东西，那么可能会加快咀嚼的频率，增大咀嚼的力度。

　　可见，平静的外表未必能够掩盖住躁动的心。当感到压抑或害怕别人戳穿你的谎言的时候，你可能会试图通过一些小动作来缓解神经系统的紧张程度，如比较快或比较用力地咀嚼。

　　人们受到一定的刺激后，咀嚼的频率和力度的变化情况，有可能为我们提供一些有价值的信息，我们要注意把握。

　　（1）如果一个人突然停止了咀嚼的动作，则说明发生了或听到了意料之外的事情，他正为此感到惊讶，甚至觉得不可思议。

　　（2）当你向别人提起某件事情的时候，如果对方突然增加了咀嚼的频率和力度，则说明此事让他感到不安，那么你可能掌握了一条比较重要的信息。

# 人的惊讶表情小于1秒钟

人类和其他动物保留下来的一个相同表情就是惊讶，所以说，这个表情不是我们人类专有的。

## 假装的惊讶可识破

人在受到意外信息刺激的一瞬间，会停止所有的活动，做出惊讶的表情，前提条件为刺激源是人们意料之外的事情。

对于其他动物来说，当它感受到周围的环境有变化的时候，它就会通过身体的感觉器官判断自己的身边是否有危险，这个过程大概有1秒钟。有的人可能会感到不解，时间为什么这么短暂？在动物的世界里，1秒钟可以发生很多事情，如果延长了震惊的时间，就会错过最佳的判断时机，那么就有可能失去生命。

同样的原理放在人的身上一样适用，因为这也是人类进化遗留下来的本能反应。不过，作为高级生命体，人还会利用这种反应。很多时候，由于特殊的原因，人们在面对某些事情时会故作惊讶，最好的判断方法就是时间，人的惊讶表情不会超过1秒钟。

语言上的欺骗不易辨别，但表情的真假我们还是能够做出判断的，只是需要细心观察。

当你向某人诉说一个令人震惊的消息时，如果他惊讶的表情超过了1秒钟，那是他装出来的，他可能早就知道这件事了，又或者他根本不关心此事。

# 固执己见的表情特征

固执己见的人最令人头疼，道理和逻辑在他们那儿不起作用，要动之以情也十分困难，他们就像块又硬又难啃的骨头。

## 坚持己见

有的人是天性固执，有的人是一时转不过来弯儿，这些并不重要，关键是如何在他们坚持自我的时候采取相应的应对措施。有的人，即使不认同他人也不会明确地表示出反对的意见，但内心却依然故我，这时就需要我们从他的表情了解到这一信息。

单侧眉毛挑高，上眼睑下垂，几乎呈闭合状，自然下垂的视线会偏向右方，嘴角用力下撇，这些便是固执己见的表情特征。

从以上的表情变化中，我们能够看出当事人内心的想法，包括否定、无奈、坚持和自我控制。他们无法认同别人，对于别人的观点，他们既不会接受也不想改变，只是心中的那份固执是不会动摇的。

看到别人固执己见的表情时，你要有一种心理准备，说服他们可能会比你放弃自己的观点要困难得多。

# 面对惨状时的恐惧和悲伤

你一定看到过恐惧和悲伤同时出现在一个人的脸上的表情，它表达的是人们对眼前的惨烈状况表现出的情绪。

## 怎一个"惨"字了得？

电视剧《步步惊心》中有一场戏，演到了清朝的十大酷刑之一——蒸刑，无论剧中的人物还是电视机前的观众，在看到这一幕的时候，都不禁露出一种复杂的表情，包括恐惧和悲伤。

我们一起来看一下这个表情：

双眉下压、紧皱；鼻子微提；上唇提升，下唇拉开，嘴角拉向两侧。

恐惧、厌恶和悲伤在这个表情中都能找到。

当悲惨的事实呈现在我们面前的时候，我们会感同身受。

如果真的身临其境，我们甚至会怀疑那样痛苦的经历下一时刻会发生在我们的身上。

对潜在危险的恐惧，对画面的厌恶，错综复杂的情绪就这样跃然脸上。

在面对负面刺激的时候，人们必然产生负面的情绪，并下意识地表现在脸上。只是越复杂的情绪，越难从表情中理解。

看到别人皱着眉头，咧着嘴，我们要猜到他可能正被一种恐惧、厌恶和悲伤的情绪困扰，我们应进行及时的安抚，以避免其负面情绪扩大。

　　有的时候我们会通过一些悲惨的事例来提醒或警告别人，当然未必出自恶意，如果对方的脸上出现了这种复杂的表情，我们就达到目的了，要适可而止。

# 眉眼能透出不屈服

小时候面对父母的教训时，我们已经沉默不反抗了，父亲会突然问道："怎么，还不服气呀？"因为那时太小，我们可能还会纳闷：他怎么知道的？现在我们明白了，一切都表现在脸上了。

## 心有不甘

当我们不愿服输又不得不低头的时候，我们会不自觉地提升双眉，垂下眼睛，将视线转向左下方，嘴角下撇，同时微抬下巴，这是典型的不服气的表情。

不服气是指人们不认可结局，还想继续较量的不服输心态。现实生活中多表现为人们打心底里不愿接受别人的观点或教训，但表面上并未做出反驳。然而事实上，这种无声的抵抗已经明显地表现出了其内心的坚持。

另外，从眉毛和下巴处我们能够看出，此人具有较高的自我定位，正是这个原因，他不愿意屈服于别人，也从侧面表现出了其顽固的性格。

不服输本是一种好的心态，但也要看时机，如果只是因为固执己见而不虚心接受他人的教诲，最后受损失的只会是自己。

如果一个人露出这样的神情，则说明他并不认同你的看法，那么你的目的就没有达到，需要继续努力。

# 鼻孔外翻、嘴唇紧抿：控制怒气

研究表明，在人类的所有情绪中，愤怒需要消耗的能量是最大的。因而，这种情绪一旦被唤醒，就很难平复。

因为考试成绩不理想，我们肯定都没少受到父母的责备，有的时候我们也会觉得委屈，刚想反驳几句，看到父亲鼻孔外翻，嘴唇紧抿，正盯着我们，于是到了嘴边的话又咽了回去。

我们通常管这叫"识时务"，因为感受到了他们愤怒的情绪，我们就选择闭上嘴巴。也有不服气的孩子会顶上两句嘴，结果可想而知，父亲的愤怒情绪必然要爆发出来，最后倒霉的还是自己。

鼻孔外翻加上嘴唇紧抿，这是典型的控制怒气的表现。通常情况下，只要还在控制的范围内，谁都不想发火，谁都明白气大伤身的道理，所以，人们总会控制自己的情绪。

如果一个人鼻孔外翻、嘴唇紧抿，我们最好不要去招惹他，谁也不知道他压抑的愤怒会不会在下一秒爆发出来。

# 轻蔑的多种表现形式

有一句话说得很好：只要我们看得起自己，那么就可以无视别人对我们的轻视。可现实中，当我们感到被蔑视的时候，心里还是很难过的。

轻蔑的表现形式有很多种，甚至通过单一的微表情我们就能够做出判断。

单眼微眯、单侧嘴角上挑，这是典型的轻蔑表情，只是这种轻蔑带有更多嘲弄的意味。

因而与初次打交道时人们习惯摆出的高傲姿态不同，它更多的时候是出现在相识的人身上。例如，在一个慈善酒会上，两家竞争激烈的公司的老板碰到一起，A看到B后单眼微眯，单侧嘴角上挑，对着B说道："今晚可没见你买到什么好东西，挣了那么多钱，也要为慈善事业做点贡献啊！"很明显，A在通过这种嘲弄的方式表达对B的轻蔑。

人们会流露出这种复杂的表情以示轻蔑，表明他们之前就有矛盾，这是另一层的重要信息。

因此，根据这个动作，我们可以获得多种不同的信息：

（1）别人单眼微眯、单侧嘴角上翘地看着你，这是在表达他对你的轻蔑和不屑，同时带有浓重的嘲讽意味，你可根据对方的表现做出相应的回应。

（2）在观察别人对话时，如果发现了这样的表情，则说明他们之间至少一方带有敌意，这可能是一条很重要的信息。

# 准备攻击时的表情

人类社会的发展史其实是一部战斗史，弱肉强食是大自然的法则，因而攻击也是人们的一种本能。

攻击行为不会是突然发起的，会有一个循序渐进的过程，人们在准备进攻之前一定会透露出一些信息。通过观察一个人的表情，我们就能够找到这些痕迹。

眉毛向下皱在一起，眼睑上扬，眼袋紧绷，这些就是攻击倾向的表情特征。没错，它与人的愤怒表情很接近，这是因为攻击倾向本身就源于愤怒。当人们做出这一表情的时候，说明他们已经有了攻击的打算，也表明他们正处于愤怒的边缘。

了解他人的攻击意向，也是自我保护的一种方式，如果你不能意识到周围的危险，就无法保障自己的安全。

当看到别人做出这样的表情时，说明对方隐忍的愤怒已经达到了极点，当务之急便是平息对方的怒气，否则就比较危险了。

在人比较少或比较偏僻的地方，如果你看到有人流露出这种表情，那么你一定要提高警惕，罪案经常在这些地方发生。

# 羡慕嫉妒恨的典型表情

羡慕嫉妒恨是一个网络流行用语，将意义相近的词语反复叠加，通过紧凑、复杂的形式，表达了一种冲突强烈的情感。这一词语被广泛流传，成为人们口中的常用语，那么人们究竟是通过什么样的表情来表达这一情感的呢？

人们会流露出这样的表情：眉毛微皱，细不可察；下眼睑紧绷；注视的眼睛视线偏上；鼻子微提；上唇提升，下唇与其紧抵，嘴角微微拉向两侧。这就是典型的羡慕嫉妒恨的表情。

这一表情体现的是针对他人的矛盾心理，恨起因于嫉妒，嫉妒又源于羡慕。但同时又说明恨是因为有爱，羡慕是因为技不如人。所以对这个表情的接受者来说，这是一种恭维，他们的体验是愉快的。

而对于这一表情的发起人，这里面包含了许多复杂的情绪，比如关注、轻蔑和气愤，这一表情将人们内心的冲突刻画得细致深入。但由于无法改变现状，人们只能压抑自我，向现实妥协。

做出这样表情的人或许并不自知，但具备了这样的心态就应该意识到自己不如别人，正所谓"临渊羡鱼，不如退而结网"，大可不必流露出这样的表情。

当你看到别人对你流露出这样的表情时，你更多感受到的可能是鄙夷，此时你不必生气，因为对方已经将你置于优势地位了。

# 面无表情的时候最可怕

　　动物在应对外界刺激的时候，也会展现出相应的表情，何况是作为高级动物的人类。可即使这样，人在很多时候也是面无表情的。

## 真的淡漠，还是极力掩饰？

　　面部表情会发生变化，人们据此可以做出判断，了解他人的心理变化。而当你无法从别人的脸上获取任何信息的时候，你会觉得心里没底，不知道对方此刻正在想什么，无法猜到他的心思，所以，人们没有表情的时候是最可怕的。

　　（1）冷漠中透着疏离。你因为某事指责某人，或者向他发脾气，结果他却摆出一张面无表情的脸对着你，你一定会变得更加愤怒。

　　面对一张波澜不惊的脸，你会有种被漠视的感觉，因为从对方的脸上看不出任何情绪，这样的反应表明他对眼前的事物极度不关心。人们都说沉默是最大的蔑视，其实，用一张没有表情的脸对着别人会更加使人难堪，它传递出的信息就是冷漠。

　　所以，要想表达对他人的不在乎和冷漠时，不需要过多的言语表达，面无表情地对着他就好了，这样效果更佳。

　　（2）掩饰内心的情绪。前面我们说了，即使再掩饰，内心的情绪也会在细微的表情变化中表现出来。所以，面无表情是人们在伪装时能够达到的最高境界。

为了掩饰自己的情绪而能够做到面无表情的人，一般较为沉着、冷静，因为控制情绪的外露需要较大的心理能量。这样的人在人际交往的过程中，往往占据主导的地位。

在人类各种复杂的表情中，最难读懂的就是面无表情。尤其是对刚刚接触还不太熟悉的人，你不知道此人是性格如此，还是已经发生了情绪的变化。但你要明白以下两点：

（1）当一个人摆出没有表情的表情来应对你的时候，说明他决定对你采取漠视的态度，所以即使你暴跳如雷也没有用，他不会做出任何回应。

（2）真正能做到心如止水的人少之又少，所以人们在面对重大刺激的时候，都会出现情绪反应，多数面无表情的冷静都是伪装出来的。

**3**

*Chapter 3*

# 音容笑貌有"玄机"

# 读懂他人的眼神

很多说谎的人都会避免与别人的眼神接触，而当人们表达爱意的时候，会深情注视着对方的眼睛。可以说，一个人内心的秘密，全部写在眼神里。要想读懂他人，就一定要识别其眼神。

古代人说看人要看"精气神儿"，其实这个神指的就是眼神。成功的社交离不开对人的察言观色，任何时候都用识别脸色的变化来调整进退。而脸上变化最具特点的就是眼神儿。所以，识别别人的心思，最重要的是会识别他人的眼神儿。

如果一个人眼神沉静，说明其对你所着急的问题已然胸有成竹，稳操胜券，只是因为某种原因，他不便明说。所以，这个时候就不要多问，静候他的行动即可。

如果一个人眼神散乱，说明他对你的问题也是毫无办法，向他请教是没有任何用处的，不如平心静气，另外想办法应付。

如果一个人眼神横着瞥过来，仿佛带刺，说明其态度异常冷淡。如果有所求，不如暂时搁置下来，退而研究其冷淡的原因，先修复感情，再谋求帮助。

如果一个人眼神阴沉，则说明他为人凶狠，跟这样的人打交道，一定要万分小心。

如果一个人眼神流动频繁，说明他是个胸怀诡计、城府极深之人。遇到这样的人，一定不要过分相信他所说的话，尤其是好听的话，也许这就是鱼钩上的饵，需要格外小心，步步为营。

如果一个人眼神呆滞，则说明他是个愚钝之人，为人胆小懦弱，思维缓慢。遇到问题时，千万不可问他。必要时，只要给其一点点拨，就会获得对方的无尽感激。

如果一个人眼神犀利异常，则表示他正处于愤怒之中，有一点点火星，就会马上爆发。这时，万不可跟他较劲儿，而应适当妥协，谋求转机。

如果一个人眼神恬静，且面带笑意，这说明他对某事或某人特别满意。想讨对方喜欢，不妨多说几句恭维话。如果对其有所求，这也是一个很好的开口机会。

如果一个人眼神游移不定，则表示他对你的话已经感到了不耐烦，再说下去会让他越来越厌烦。所以，应该赶紧停下来，或告辞，或寻找新话题，谈点对方爱听的事儿。

如果一个人眼神凝视着你，很可能他对你的话特别感兴趣，迫不及待地想要听下去。这时，你所说的一切，他必然会很乐意接受。

如果一个人眼神下垂，说明可能触碰到了他痛苦的回忆，所以，要就此打住。

如果一个人眼角上扬，很可能是他不屑听你的话。不要妄想用充分的理由和高超的技巧说服他，他已经识破你的小心思，会因此更不屑一顾，还不如戛然而止，另寻机会再谈。

总之，眼神有的呆滞，有的灵动，有的阴沉，有的明净，有的犀利，有的平和，仔细参悟之后，必能发现一个人真实的内心状态。

# 笑容的秘密

未曾开口人先笑。笑通常被认为是表示友好的信号。但是，心理学家发现，笑容有很多种，真诚的笑、开心大笑、掩口而笑、假笑等等。不同的笑是由人的性格以及不同心理状态所决定的。

笑通常被认为是表达喜悦和友好的信号。不过，心理学家研究发现：笑还能反映一个人的内心世界，作为一种沟通方式而存在。例如，苦笑不是真笑，而是苦闷心理的发泄；微笑能让人际关系更和谐。笑的方式有很多种，隐藏在这些笑容背后，究竟都有什么样的秘密呢？马上就为您揭晓答案。

### 经常捧腹大笑

这类人的性格大多爽直开朗，不会掩饰自己的感情，想哭就哭，想笑就笑，活得很自在。他们富有幽默感，跟他们交往，会很放松。他们还很有爱心，总会热心帮助需要帮助的人。他们不会嫌贫爱富，更不会嫉妒比自己强的人，所以，这类人很值得交往。

### 窃窃而笑

这类人大多性格保守，为人处世小心内敛，与人交往时，表现得有点羞怯。他们对别人的要求很高，如果别人做不到，就难讨其喜欢。不过，一旦有人满足了他们的要求，他们就会将这人视为好朋友，能与其患难与共。

### 附和别人而笑

这类人性格随和，乐观开朗，热爱生活，人缘一般都不错。遇事从不着急，喜欢顺其自然。他们对生活没有太多的要求，自己也没有什么大志向，每一天过得平平淡淡，开开心心就好。

**掩口而笑**

这类人大多性格内向，与人交往时比较害羞。如果是女性，则不会主动与人打交道，也不会轻易吐露心声。如果是男性，则多有些娘娘腔，在现实生活中显得格格不入。

**笑中带泪**

肆意大笑，以至于眼泪都出来了。这类人感情比较丰富，富有同情心，常向别人伸出援手而不求回报。他们热爱生活，对任何事情都保持着热情，能够积极进取。

**笑声干涩**

他们笑起来若断若续，略带冷漠。这种人在生意场上比较多见，大多比较现实和实际，有敏锐的观察力，能够通过细节窥视别人的内心，捏住别人的软肋。他们对人也很冷淡，只考虑自己的利益，一旦对方没有利用价值，就不再热情。

**笑声柔和**

和其笑声一样，这类人个性温柔敦厚，不喜欢与人争执，处处谦让。并且，他们一般都深明事理，凡事都能看得开，为别人着想，因此能得到别人的尊重和爱戴。他们还善于处理人事纠纷，帮助安抚当事人情绪，能做到公平公正，让双方都心服口服。

在生活中，我们能听到各种笑声。懂得了隐藏在笑容背后的性格秘密，就能听声识人，提前知道他们的性格和内心想法。

# 额头透露出个性

我们经常说，人不可貌相。可在现实生活中，几乎每个人都在"貌相"。人们几乎都愿意跟相貌端庄的人交朋友，而看到相貌丑陋的人会心生厌恶。其实，人们的这种心理也不是完全错误，一个人的性格，在外貌上的确会有所反映。额头就可透露出一个人的个性。下面，我们就说说几种不一样的额头，所能反映出的人的个性。

**宽额头的人**

这样的人聪明智慧，智商很高。他们很有才气，却也稍显轻佻，不擅长自我控制，容易感情泛滥。他们个性冷静，能准确地做出判断。额头宽而高的人，自尊心会很强，相对来说，一旦有所成就，也容易骄傲自大。他们比较心软，缺乏狠劲儿，一般在学术领域比较有造诣，但不适合竞争。

**窄额头的人**

这类人心思并不敏锐，却是勤勤恳恳、踏踏实实的老实人。他们待人和善，很容易相处。缺点就是，不够坚韧，常因一点小挫折就轻易放弃。而且，在个性上稍显幼稚，易感情冲动，甚至有些蛮不讲理，非常任性。

**发际线凌乱不整的人**

不管什么形状的额头，只要发际线凌乱，就容易让人产生此人不牢靠的印象，并对其生厌。其实，这类人口才极佳，也擅长交际应酬。但是，因为有冷漠、自私的一面，人们往往不愿意跟他们建立亲密关系。

**圆额头的人**

这类人可以说是可爱型的，总是带着浓浓的孩子气，待人恭谦有礼。但是，他们往往缺乏决断力，做事没有主见。如果是男生，会被形容为"娘娘腔"；如果是女生，往往会特别有人缘，招人喜爱。

**美人尖额头的人**

这类人具有温柔体贴的特质，善于为他人着想，无论对朋友、家人还是爱人，他们能很好地照顾家人的生活。若是女生，会被誉为"女人味十足"；若是男性，则欠缺点男子汉气概。他们的缺点是缺乏判断力和执行力，办事情不够干练，总是拖拖拉拉。而且，意志也稍显薄弱，有时候会很任性。

**角型额头的人**

这样的人一般脸型瘦长，额头较尖。这类人性格刚强，男性会很有阳刚之气，女性则显得不够温柔。他们很有个性，有主见，一般不会轻易被说服。而且，他们还有很强的正义感，敢于与不平之事做斗争。他们头脑冷静，具有行动力，办事不会冲动，因此也出不了大差错。

**外凸型额头的人**

外凸型额头多半见于男性之中，女性很少有这样的额头。他们属于认真而固执的一类人，会非常坚持自己的看法，而且具备贯彻到底的信念。但是他们稍微欠缺点灵活，在人际关系上，失多于得。

**M型额头的人**

M型额头也是男性额头的一种。长有这种额头的人理智而且干练，做事讲究干净利落。他们爱跟人讲大道理，脾气也比较顽固。比较适合埋头做研究，或者做创作型的工作。

# 鼻子和性格息息相关

鼻子作为呼吸器官，在人体中起着重要的作用。近年来人们发现，不同类型的鼻子能够反映出人们不同的个性和心理。甚至有人说，如果鼻子形状改变了，性格也会跟着改变。

**长而直挺的鼻子**

长有这种鼻子的人才华出众，富有美感，品位很高，对艺术有很好的理解能力。他们是理想主义者，有洁癖，对自己非常有信心，有时会骄傲自大。同时，他们喜爱孤独，缺少社交性格，因此，并不能得到周围人的喜欢。

**短而矮小的鼻子**

长有这种鼻型的人性格开朗，但是意志力不是十分坚定，性情比较懒散，缺乏改变生活的勇气。如果失败了，就很难再重新振作。他们容易受他人影响，是一种比较容易被说服的人。

**凹陷型的鼻子**

凹陷型鼻子是指鼻梁不够高耸，就是我们平常所说的塌鼻子。长有这种鼻型的人多半性格开朗，喜欢与人交往，即便是对陌生人，都能很快亲近。

**直线型的鼻子**

这种鼻型成一条直线，不是很矮小，也并不十分高耸，外观看起来比较舒服。这类人头脑清晰，在工作和事业上大都能够一帆风顺，也很有异性缘。同时，这类人做起事来，事无巨细，太过计较小细节，而且也比较自私，为自己考虑的多，为别人考虑的少。

### 鹰钩鼻

这种鼻子的形状像鹰嘴一样，鼻尖向下垂成钩状。这类人往往缺少人情味。虽然寿命颇长，但年老后的生活会很孤独凄凉。

### 断层鼻

这种鼻型的鼻梁中间呈断层状。这类人多半性格顽固不化，而且具有强烈的攻击性。在人际关系上，不懂得协调，更是从来不会退让。他们常常会因为个性的原因得罪人，不太受大家欢迎。

### 袋鼻

这种鼻型的鼻子高，鼻梁略带弧形，鼻头则下垂成钩状，鼻翼厚而不露孔。有这种鼻型的人，有强烈的金钱欲望。为了钱，他们可以抛弃一切，地位、名誉甚至人情道义，即便被人唾骂也在所不惜。

# 眉毛能传递心声

眼睛和眉毛像双胞胎一样，是互生的。眼睛可以"传情"，眉毛同样也可以表达一个人的心声。随着人们心情的变化，眉毛的形状或紧锁、或舒展，发生变化。

有一个成语叫"眉目传情"，原本是指男女之间表达爱意的说法。但同时也能说明，眉毛是能传递人的心声的。

### 扬眉

俗话说"扬眉吐气"，当人们的某种压抑感得以释放的时候，眉毛就会向上扬起，抒发胜利后的喜悦心情。所以，一般情况下扬眉通常表示得意、高兴等情绪。

不过，如果一个人经常做出单眉上扬的动作，则表明他性格傲慢，对别人爱理不理。同时，在极度惊讶或者极度惊喜的状态下，人们的双眉也会随着眼睛的睁大高高扬起。

### 皱眉

一般情况下，人们会在两种情况下皱起眉毛。一是当遇到突然的强光或者面临外界攻击时，人们会下意识地把眉毛皱起来保护眼睛，抵抗攻击。二是当一个人面临难题，一时找不到解决的办法，也会情不自禁地皱起眉毛。

通常，皱眉表示厌烦、反感、不同意、防御等。

### 耸眉

该表情是将眉毛先扬起，停留片刻后下降，往往还伴随着嘴角下撇的动作。这表示一种不高兴但又无可奈何的心情。比如，遇到某个人找你的麻烦，你无论怎么解释他都不听，接下来，你就会做出这种动作，表示不满又无可奈何的心情。

另外，对方在强调自己观点的时候，也往往会出现这种表情，目的是要让你赞同他的观点。

### 眉毛斜挑

斜挑是两条眉毛中的一条向下压低，另一条高高扬起，看起来就像一个大大的问号。这是产生怀疑心理时特有的神情。表示对方不相信你说的话，如果不抓紧时间解释，令对方释怀，恐怕会继续造成他对你的不信任，继而使人际关系变坏，或者某件事情办砸。

### 眉毛倒竖

通常一个人将眉毛倒竖起来时，说明此人的愤怒已经到了极点，接着可能发生一阵狂风暴雨似的脾气爆发。正在发脾气的人，也常常会将眉毛竖起来。

### 眉毛紧锁

在古代诗词里，常见诗人用"紧锁峨眉"形容女子的愁苦。现实生活中也是一样，当一个人极度苦闷，又找不到方式排遣的时候，常常会紧锁眉头，一副愁容。另外，当一个人内心极度忧虑，遇事犹豫不决的时候，也常会做出这个动作。这时，他非常需要别人的劝慰，如果你能主动去关心他，对他来说就如同雪中送炭，往往能得到他的友谊。

### 眉毛舒展

和紧锁眉毛相反，此时人的心情愉悦舒坦。一般是当一个人遇到高兴的事情，或者刚刚解决了一个难题，心里高兴，才会出现这样的眉形。这是比较适合提要求的时候，当他眉头舒展开之后，比平时更容易答应别人的要求。

眉毛虽然只是眼睛的附属，况且有些人的眉毛变化不是很明显，但是和眼睛一样，它的一静一动，都会无形中透露说话人的心境。观察一个人时，如果你将他的眉毛和眼睛一起来观察，更能准确地判断出他人的心境。

# 嘴巴传递内心活动

在人的头部，嘴巴和嘴巴周围的肌肉异常发达，嘴巴也是最灵活的部位。吃东西时需要用嘴，说话时要用嘴，高兴时张嘴大笑，生气时噘嘴，嘴巴或张或合、或紧或松，形成了丰富的动作。同时，嘴巴也传递出人们此时此刻的内心活动。

**微笑**

嘴角向上，成一个弧形微微翘起。一般来说，这种动作表示精神愉悦，它是人真情实感的自然流露，包含着真诚、信服、友善、爱恋、喜悦、娇羞等情绪，让人感到身心舒服。

多微笑，哪怕是装出来的微笑，都是人际关系的润滑剂，能促进人际关系的和谐。

**大笑**

嘴部大张，甚至有点不顾形象。一般来说，这种动作代表极其开心，而且表示很信任对方，跟对方的关系很亲密，所以才不怕自己的形象受损。

在陌生人面前，人们很少有这个动作。一般都是在熟人面前，情绪处于极其放松的状态下，才会张开嘴大笑。

**张圆嘴巴**

嘴巴张成一个圆，相应的表情还有眼睛大睁、眉毛挑高。嘴部出现这种动作时，可能是遇到或者听到什么不可思议的事情，感到非常震惊和诧异。

### 嘴巴抿成"一"字形

做这个动作的人可能正面临着紧急的事态，或者需要很快做出人生的某个重大决定。抿嘴的动作，表示一个人已经做好某个决定，但是感到压力很大，从而不自觉地做此动作，来给自己打气，给自己信心。如果一个人常做这样的动作，则说明他性格偏强，遇到困难不会临阵退缩，所以获得成功的可能性更大。

### 牙齿咬住嘴唇

交谈的时候，对方用下牙齿咬住上嘴唇，或者用上牙齿咬住下嘴唇，表明他们正在认真聆听你的谈话，同时在心中仔细揣摩话中的含义。如果是在谈判桌上，这种动作表示他对你的产品很感兴趣，或者比较认可你提出的条件。接下来，不用费多大力气，就能很轻松地说服对方。

### 嘴唇歪斜

一个人的嘴唇歪斜时，说明这个人内心焦虑不安，可能是遇到了比较大的麻烦，或者身处困境之中。比如，在等待交警处理问题的司机脸上，就会看到这种情形。

### 嘴唇向前撇

嘴唇微微向前突出，好像噘嘴的样子，但幅度很小。这表明他对接收到的外界信息持不相信、不确定的态度，希望能得到肯定回答，或者更详细的解释。

### 嘴唇往前嘟起

比嘴唇向前撇的动作更往前凸一些，变成了嘟起。这表明此人可能正处于某种防御状态，并试图说话。这时，任凭你说什么，他都不可能相信，不如给他一次说话的机会，事情可能会出现转机。

　　通常，嘴巴所传出来的内心信息，是比较容易觉察到的，也比较容易理解。不过，如果单独观察一个人的嘴巴，不一定十分准确，还需要配合面部的其他动作来做最后的判断。

# 牙齿透出情绪和性格

你的牙齿整齐吗？不要小看被我们隐藏起来的牙齿，它除了能帮助我们咀嚼食物，还能无意中透出一个人的情绪和性格！

**小牙齿的人**

小牙齿的人性格温顺冷静，有超强的忍耐力。而且感情丰富，喜欢帮助人，人缘颇佳。他们的逻辑思维能力很好，做事按部就班，细致认真。但是他们比较敏感，甚至有些神经质，常常过于拘泥细节。

**大牙齿的人**

大牙齿的人体力较好，富有朝气，性格粗犷，行为大胆。但是他们做事不够细心，容易出错。他们善于思考，为人诚实，并且热爱自己的工作。在性格方面，这类人比较自私，欲望很强。

**牙齿排列整齐的人**

牙齿疏密有序，排列整齐，这样的人很传统，喜欢按部就班的生活，不喜欢改变。他们做事认真负责，不紧不慢，充满了责任感，总能勇敢、理智地面对问题，有很高的声望。

**长有龅牙的人**

长有龅牙的这类人大多心直口快，说话往往脱口而出，常得罪人。个性上固执己见，以自我为中心，为了得到大家注意，做出一些出格的事情。因为个性固执，与亲人、朋友的关系都不是很好。

### 牙齿内倾的人

牙齿内倾就是上下两排牙齿都向内倾斜，这类人对新鲜事物的接受能力强，常提出大胆的想法和创意，事事喜欢标新立异，比较适合搞策划工作。他们追求与众不同的举止，并以此为荣。他们的缺点是，报复心很强。

### 牙齿稀疏的人

这类人虽然牙齿比较稀疏，但身体状况不错。他们个性开朗乐观，直来直去，没有心机。他们为人诚实，待人也十分真诚。缺点是不会替人保密。因此，不想让别人知道的事情，千万不能告诉他们。

### 叠齿的人

叠齿就是相邻的两颗牙齿，一前一后交叉叠在一起的情况。这类人自信心很强，个人能力也十分突出，对工作总是能够得心应手，做得特别好。正因为如此，他们容易产生自负心理，嫉妒心也很强，有时候会骄纵任性。所以，他们的知心朋友不多。

牙齿虽小，但其用处不小，它们不但能帮我们咀嚼食物，还展示了一个人的个性与情绪，我们不能忽略它。

# 看面部表情判断是否说谎

人们说谎时，虽然可以说得天衣无缝，但是这并不表明别人因此就会被蒙骗，因为说谎者的面部表情会出卖他。语言可以控制，但面部表情是很难控制的。判断一个人是不是在说谎，看他的面部表情即可。

他是不是在说谎？很多时候，光听语言是听不出来的。说的比唱的好听的人靠不住，大家公认的"老实人"也有说谎的时候。那么该如何判断一个人是不是在说谎呢？第一时间要做的应该是——看他的面部表情。

说谎的人，会刻意控制自己的语言和面部表情。一般来说，这是交谈双方特别在意的两个方面。但是，掩饰言辞很容易，只要事先准备好就行了，而隐藏面部表情却不是一件容易的事儿。

**慢半拍的面部表情**

一般来说，当一个人说谎时，会尽量微笑、点头、眨眼睛，他们试图以此掩盖自己的内心活动。但是，心理研究表明，我们的脸部特征很难完全被控制。在说谎时，整个脸部会出现短暂的凝固，这个过程会持续2～3秒。

如果你够细心，会发现很多说谎的人都存在以下类似情况。

场景一：

一位喜剧演员做客一个谈话节目，在现场为大家讲了一个小笑话。主持人听完后哈哈大笑，说："这个笑话真是太好笑了。"

场景二：

一位喜剧演员做客一个谈话节目，在现场为大家讲了一个小笑话。主持人听完后，说："这个笑话真是太好笑了。"然后笑了出来。

那么，你觉得上面哪个场景表达了主持人真正的想法呢？没错，当然是第一个。第二个场景中，只是敷衍嘉宾而已。

这就是说，如果并不是出于真心，有些表情看上去明显是后补的，不仅慢半拍，还很机械僵硬。比如，一个推销员上门，当你问他能否保修一年时，如果他先点头，再说"是"，说的就是真话。如果他先回答你："嗯——有的，你放心。"然后才点头，你就该怀疑他话的真假了。

# 触摸鼻子可能是在掩饰谎言

人们在说谎时会产生压力，这会引起鼻腔内细胞的肿胀和血压的上升，鼻子会有种刺痒的感觉。于是，人们只能频繁触摸鼻子，缓解这种症状。所以说，当你看到一个人在说话时频繁地摸鼻子，就不要轻易相信他的话。

美剧《别对我撒谎》的第十一集，就有一个掩饰撒谎的动作：用手指在鼻翼处蹭了一下。

一位妻子看完这个剧之后，就偷偷观察分析老公跟她说话时的语气、动作和表情，想探究他是不是在对自己说谎。

一个周五，老公打电话说他要加班，但是说话时犹犹豫豫的。她知道他在撒谎，可是她想知道老公瞒着她在做什么。于是，她假装答应，随后到他公司楼下等，偷偷跟踪他。结果，妻子发现，老公下班后就跟他的一群狐朋狗友聚会去了。

晚上回到家，妻子假装什么都不知道，拉住他的手问："今天是不是很辛苦？工作完成了吗？"老公摸了摸自己的鼻子，说："我努力工作都是为了让你过上更好的生活，不辛苦。"

人们在说话时摸鼻子，通常是在说谎。原因是什么呢？美国芝加哥的嗅觉和味觉治疗与研究基金会的科学家也许能给我们答案。

他们研究发现，当人们撒谎时，一种名为儿茶酚胺的化学物质就会被释放出来，并引起鼻腔内部细胞的肿胀。科学家们还通过可以显示内部血流量的特殊成像仪器，揭示出血压也会因为撒谎而上升。这项技术显示，人们的鼻子在撒谎过程中会因为血流量上升而使血压增强。血压增强导致鼻腔血管膨胀，从而引发鼻腔的神经末梢传送出刺痒的感觉，于是，人们只能频繁地用手摸鼻子，以缓解发痒的症状。这就是著名的"皮诺基奥效应"。

尽管人们无法看到鼻腔血管膨胀的样子，但能看到撒谎者触摸鼻子的这一动作，这样就可以很轻松地认定，他是在撒谎。

一个人在撒谎时，一般是用手在鼻子下沿的地方很快地擦几下，有时甚至只是略微轻触，几乎难以被他人察觉。女性在做这个手势时，比男性的动作幅度更小些。

当然，不一定所有触摸鼻子的动作都说明他在说谎。当一个人处于焦虑不安或者愤怒的情绪中时，他的鼻腔血管也会膨胀，也会出现触摸鼻子的动作。有时候人们做出这个动作，只是因为感冒，或者对花粉过敏，或者在抹鼻子上的脏东西。

鉴定他人是否在说谎，还需要结合其他迹象来进行解读。比如，因为说谎要临时组织语言，会出现说话吞吞吐吐的现象；有的人会出现停顿、皱眉的动作；还有的人会脸红，等等。只要认真观察，这些小细节是不会逃过我们的眼睛的，判断他人是否在说谎也会变得十分轻松。

# 从眨眼频率判断是否在撒谎

眨眼睛可以有效避免直接接触别人的目光。对说谎的人来说，这是掩盖谎言最好的办法。当你看到一个人频繁地眨眼睛，很可能是他在躲避你的眼神儿，也就是说，他在对你撒谎！

下班前，主管吩咐秘书写 份重要的报告。可是，因为这天是秘书的生日，在和朋友们庆祝完之后，她竟然将这份重要的工作忘了。第二天，主管要这份报告时，秘书在包里翻来翻去，最后假装着急地说："哎呀，我保存文件的U盘忘记带了。"

主管一听，就知道秘书在睁眼说瞎话。因为，秘书根本就没有U盘，前几天还跟他申请要买一个呢。而且，他发现，秘书在说话时，一直在用比平时快的频率不停地眨眼睛。

心理学家研究表明，人的正常眨眼次数是每分钟30~50次，当人感到重压，内心难以承受时，眨眼次数明显会增多。而人在撒谎时，心理压力会不自觉地增加，所以，眨眼的频率就会加快。由此，主管肯定地判断出，秘书是在撒谎。

另外，快速地眨眼，还能避免与对方的目光直接对视。人们在撒谎的时候，会心虚，不敢正视对方的眼睛，生怕对方看穿自己内心的恐慌。可是，如果将头偏过去，动作太过明显，会被对方看穿。而快速眨眼睛，就能不动声色地躲避过对方的眼神。

在电影或电视剧里，我们常会看到这样的镜头：

在生活中，我们通过观察也会发现，一个人在酝酿谎言、说出谎言之后，都会有眨眼睛、低下头等不自然的动作。比如，老师问学生为什么没做完作业，他可能会先低下头想一想，或者眨巴几下眼睛，然后再编个能被原谅的理由，妄图逃避惩罚。

不停眨眼代表着心虚。但是，不是所有的眨眼睛都意味着说谎。如果一个人在你面前刻意延长了眨眼睛的时间，那只是说明他对你的话不感兴趣，希望交谈早点结束。如果，他的眼睛闭上两三秒再睁开，则说明他真的不能忍受这样无聊的交谈，希望你快点从他眼前消失。这时，你就需要调整一下说话内容，或者干脆直接走开。

只有当眨眼睛的频率高于平时的频率，才能说明当事人是在撒谎。所以，我们在观察时，一定要区分清楚，不能冤枉了好人。

# 摸耳朵可能是不耐烦的表现

生活中，当我们不同意别人的意见时，习惯用手摸摸耳朵。这其实是通过肢体语言告诉对方你真实的内心想法。所以，说话的时候加上这个动作，很可能是他不愿意再听到对方说下去。

妈妈："小明，你的袜子又乱扔，不知道放到柜子里收好吗？作业有没有做完？别看电视了，天天就知道玩儿，怪不得上次考试考得那么差……"

小明听到妈妈的唠叨，赶快捂住耳朵，做出一副痛苦的表情："妈妈，求求你别再说了。"

生活中，这样的情景很常见。捂住耳朵，说明他是不想听到你的声音。而在成人世界里，他们不会捂住耳朵，只会抓挠耳朵的不同部位，来表达不同的情绪和内心想法。

### 摩擦耳郭背后

这代表他不同意说话人的观点，或者想要发表不同的意见。比如，一位售货员不停地向顾客介绍商品的好处。顾客只看了一眼，然后下意识地用手指摸摸耳郭背后，接下来一定会说："我再考虑一下。"这表示他不喜欢售货员推荐的商品，所以，摸摸耳朵，不愿意再听他说下去。

在日常工作、生活中，如果你正在发表意见，对方侧着头摸了摸耳朵，这代表对方的意思和你的相反，而且急于表达。这时，你就应该停下来，听听对方的意见，交流才会更有效果。

### 不停地抓挠耳垂、耳背

这代表一种焦虑的情绪，说明当事人一定是遇到解决不了的困难需要帮助。

晓云是一个非常细心的人，总能观察出周围人的动作变化，并能解读出其中的意思。一次，她看见同事卢冲不停地抓挠耳背，于是走过去问是否需要帮助。原来，卢冲遇到了一个程序问题，怎么都调试不出想要的结果。晓云及时伸出援手，帮他解决了问题。为此，她得到了卢冲的万分感激。

人们在着急、焦虑时，就会通过不停地挠耳朵来释放内心的压力。如果你能看出其中的端倪，主动帮助对方渡过难关，会大大拉近和对方的距离。

### 用指尖掏耳朵

生活中会有这样的情景：一个人滔滔不绝地在讲话，听的人似乎心不在焉，不停地用指尖掏耳朵。

这个动作表示，他对你所说的一切很不屑！而且，对说话人也很不尊重。这时候，你就不要自顾自地说下去了，可以问一问对方："您对这件事情有什么高明的看法吗？"如果对方是长辈，就考虑转换他感兴趣的话题。

### 用手或耳郭遮住耳洞

这跟孩子捂住耳朵是一个意思，他们在直接阻止不愿意听到的话进入耳朵。这个动作表示的意思是："我不想听你再说下去了！"同时，脸部会出现不耐烦的表情。

比如电影里，女主人公是个话痨，看电视的时候，常对着下班回家的丈夫东家长西家短地唠叨个没完，男主人公只好用手堵住耳洞，这样，就只看见妻子的嘴一张一合，听不见唠叨声了。

# 用手遮住嘴巴传达出什么信号

在平时的交谈中，我们也许会发现一个现象，就是说话人在说完某一句话时，会突然捂住嘴。这说明了说话人的什么心理呢？我们一起来看看。

**不该让他知道这个秘密**

陈佩斯和朱时茂的小品《警察与小偷》里，有这样一个情景：陈佩斯扮演的小偷在巷子口替正在干坏事儿同伴望风，恰巧遇到朱时茂扮演的警察巡视。

朱时茂问："你在这儿干什么？"

陈佩斯回答："我在望风儿。"

他意识到自己说漏了，紧接着用手捂了一下嘴，改口说："啊，不，我在放风儿。"

陈佩斯为什么会下意识地捂住了嘴呢？其实，他心里是在想："这个秘密不能让他知道！"

当你和别人交谈时，如果对方的话说到一半，或者刚开了个头，就下意识地捂住了嘴巴，这可能是对方不愿意告诉你这件事情，但是毫无防备地说了半截。

这种情况下，我们不要相信他捂住嘴巴之后所说的话，那很可能是他临时编的谎言。只有他捂住嘴巴之前，不经意间说出的话，才是可信的。而且，无论对方说了什么，无论这个秘密多么让你惊讶，你都要装作不感兴趣的样子，这样才会让对方安心些，接下来和你的交谈也会更顺畅些。否则，他可能会陷入说漏嘴的懊悔中，不再认真地和你进行交流，使谈话毫无意义。

**不能让他看出我撒了谎**

员工小王想看一眼发工资的单子，于是趁没人的时候，偷偷溜进了人事部的办公室。当他看完正要出门的时候，碰到外出办事回来的同事。

"你怎么会在这儿？有什么事吗？"

小王遮住嘴巴，轻咳了一声："啊，没什么，我来找小李，刚好他不在。"

心理学家告诉我们，在和别人交谈时，如果对方突然遮上了嘴巴，那么大多是因为说了谎。他试图通过捂住自己的嘴巴，来掩饰自己说出的那些谎话，或者试图遮挡说谎的痕迹。为了表现得更自然点，有些人还会像案例中的小王一样，在遮上嘴巴的同时，假装咳嗽来掩饰。

也就是说，用手遮住嘴巴，有可能是说了谎话，想掩饰自己的心虚。

比如，班会上，教室内一片安静，老师讲完话，问班长有没有事情要说。他摇摇头，说"没有"，手却不自觉地遮住了嘴。这时，他很可能在撒谎，可能顾虑该不该当着全班同学的面把某个问题说出来。而且他的嘴巴很可能是紧闭的，或者上嘴唇咬着下嘴唇。这表明他的心里在纠结："到底是该说呢，还是不该说？"

遮住嘴巴就是在告诫自己，代表的是"不能让自己陷于危险中"或者"不能得罪人"的心理；蕴含的潜台词是"不要让他看出我在说谎"或"不能让他知道这个秘密"。

# 说话模式泄漏说谎秘密

当一个人说谎的时候，为了不让对方看出破绽，他会在谈话过程中十分注意。所以，如果仔细听，会发现他说话的模式和常人不同。

**说谎的人记忆力都很好**

警察审问一个犯罪嫌疑人。

警察："你还记得3月18号晚上10点钟，你在做什么吗？"

嫌疑人："哦，那天我吃完晚饭，躺在床上看电视。我还记得当时看的是中央五频道，我最喜欢的足球节目。"

警察："你那天晚饭吃的什么？"

嫌疑人："我那天晚饭吃了一份芝士比萨，还喝了一杯啤酒。"

警察："这可是一个月前的事儿了，既然你记得这么清楚，那请问那天你穿的什么衣服？想好了再回答，因为我们有当天你走进公寓时的监控录像！"

"这个……我真的忘了，我……"嫌疑人头上开始冒冷汗。警察把这一切都看在眼里，后来经过审问，他果真就是那个抢劫犯。

当问到某个具体信息时，说谎的人一定会做出解答，而不会说不知道，因为他们害怕引起别人的怀疑。例如，这个抢劫犯为了让警察相信他一直在家，特意说出了看了什么电视节目，吃了什么饭等具体信息。记忆力这么好的他，偏偏忘记了自己穿什么衣服！其实对大多数人来说，不要说一个月之前，恐怕一周之前某天做了什么，他都无法记得。

**说谎的人不会把事情描述得很详细**

丈夫一晚上没回来，第二天，妻子问他："你昨天晚上是不是又赌钱去了？"丈夫有些慌张，说："不是。我跟朋友们喝酒去了。"妻子接着问："是吗？都是哪些朋友？去哪儿喝的酒啊？"丈夫："就是关系不错的那几个朋友，去老地方喝酒了。"

很显然，妻子不会相信丈夫模模糊糊的回答。当一个人说谎的时候，他是心虚的，他害怕给出的信息越多，漏洞就越大。所以，当妻子问到具体的人时，丈夫不敢多说，害怕会穿帮。说谎的人，经不起追问细节，如果有怀疑，只要多问几句，就会知晓答案。

**故意提供更多信息**

警察审问犯罪嫌疑人的案例中，我们发现，当警察问抢劫犯他吃过晚饭做什么的时候，他说自己在看电视，而且还主动报出了节目内容。这就是典型的说谎方式之一！

说谎的人是心虚的，他害怕被看穿，所以，为了取信于人，会对自己的谎言加以更详细的描述。跟前面的区别是，他是不打自招，主动说出来，并且因为是早已在心里编造好的谎言，说出口的时候显得不假思索。

真诚的人不是这样，他们内心坦然，不会再去做多余的解释。比如，女友打电话给男友，男友很长时间才接，女友问为什么这么晚才接听啊？如果没做坏事儿，男友一定很坦然地告

诉她："哦，我在卫生间，没听见。"如果他啰唆很多："我
在卫生间，水龙头开得很大，我的房子隔音效果太好了……"
那他一定在说谎。

　　在谈话中，如果一个人说了谎，一定会有某些语言或说话
方式表现得很刻意。只要我们认真观察、仔细体会，就会找出
其中的破绽。

# 不是所有的微笑都是真诚的

一般情况下，人们都认为微笑展示的是友好和开心。微笑在生活中很常见，工作中会看到同事的微笑，在外吃饭时会看到服务员的微笑，坐公交车时也能看到售票员的微笑……

你有没有想过，这些微笑之中有多少是发自内心的？所有的微笑都是真诚的吗？答案是：并不是所有的微笑都是真诚的，微笑的面孔之下，也可能掩盖着谎言。

小晴是一名新进员工，她很有责任心。来公司不久，就发现公司管理上存在着各种各样的问题。小晴鼓起勇气敲开主管办公室的门，给主管提出了许多改善公司内部情况的合理建议。听她一鼓作气说完之后，主管微笑着告诉她说："你的建议提得很好，我会和上级领导沟通讨论这些问题的。"

可是过了很长时间，小晴提出的问题并没有得到改善。她百思不得其解，为什么主管觉得她提的意见有道理，却迟迟不给反馈呢？

法国科学家纪尧姆·杜胥内·德·波洛涅曾做过的一项研究，或许能告诉我们答案。

纪尧姆研究发现，人的笑容是由两套肌肉组织控制的。第一套肌肉组织是颧骨处肌肉，它能带动嘴巴微咧，双唇后扯，露出牙齿，提升面部，然后将笑容扯到眼角。我们可以自由控制颧骨处的肌肉，制造出虚假的笑容。第二套肌肉组织在眼部，它可以收缩肌肉，使眼睛变小，眼角出现鱼尾纹。这部分肌肉不受我们意识的主动控制，它调动起的笑容，一般都是真心的笑。

小晴的主管在微笑时，眼角并没有出现鱼尾纹，也就是说，他并不同意小晴的建议。他说那番话，只是不想打击小晴的积极性而已。

那么，什么样的微笑才是真诚的呢？

就在几天之后，员工董文也走进了那位主管的办公室，他为新产品制定了一份特别棒的宣传方案。我们来看看那位主管的反应。

董文在演示宣传效果图时，主管一边看一边点头，微笑从嘴角咧开，随着笑意越来越浓，眼角的鱼尾纹也越积越多。最后，当董文讲完之后，主管哈哈大笑，拍着他的肩膀说："做得不错，就按你的方案办！"

哪个微笑更真诚一些？很显然是对员工董文的微笑。因为这个微笑出现了鱼尾纹，说明他同时调动了嘴部和眼部两块肌肉，尤其是眼部肌肉，它不受我们意识的主动控制。也就是说，只有眼部出现鱼尾纹的笑容，才是发自内心的真诚的笑。

现在，我们应该清楚了，微笑掩盖不了谎言。如果微笑带动的只是嘴部肌肉的运动，那这个笑容就不是真心的，脸上的表情看起来会很僵硬。这时，无论他后面说什么话，最好还是分辨他的真假。

如果微笑时不仅嘴巴张开，眼角的鱼尾纹也被挤了出来，表情看起来就会很自然。这样的微笑一定是真心的，他对你的话是赞同的，所以，也必然会对你说真心话。

# 撒谎者的目光也会很坚定

我们都知道，人们在撒谎时会下意识地移开目光，避免与对方的眼神接触。那么这是不是说，如果对方目光坚定地看着我们，一定代表着诚恳呢？恐怕未必！即使对方眼睛定定地看着你，他也有可能在说谎！

### 说谎时也会目光坚定

人们做过这样一个实验：他们找来一群人，将这群人分成两组，面对面坐下。然后让一组人对另一组人说谎，并将室内所有说谎者的表情一一录下来。最终结果非常令人吃惊！

实验中，只有大约30%的撒谎者将目光移开了，而另外70%的撒谎者，则目光坚定地看着对方。因为他们知道眼神儿的游移会让对方发现撒谎的秘密，所以为了避免被对方识破，他们刻意控制自己的眼神，盯着对方的眼睛。

实际上，我们在说谎过程中或者说完谎之后，目光常常偏向一边；但是在说谎之前，目光通常会表现得十分坚定，一方面是在给自己信心，另一方面是为了不让他人怀疑。所以说，目光坚定不一定都代表诚恳。

### 区分谎言和真话

如何来区分目光坚定者是不是在说谎呢？

这就需要进一步看他的瞳孔。心理学家研究发现，人的心理活动与瞳孔变化的关系非常密切。

张老师是位经验丰富的初三班主任，班上有几个学生非常调皮，可他们不敢对张老师撒谎，因为每次都会被看穿。

张老师的法宝就是，看他们的瞳孔。一次，王小蒙踢球时碰到了另外一个人的眼睛，却撒谎说不是自己踢的。虽然，说这句话的时候，他理直气壮地盯着张老师的眼睛，可是，瞳孔却不自觉地放大。张老师当然不相信他的话，找了几个同学问过之后，确定没有冤枉他。

当一个人在撒谎的时候，会产生紧张情绪，在紧张情绪的刺激下，他的瞳孔就会放大，我们因此可以断定，他是在说谎。当然，并不是所有的瞳孔放大都代表着说谎，在恐惧、愤怒、欢喜等情况下也会如此，需要具体情况具体分析。

**传递出诚意的目光**

跟人交谈时，我们需要目光坚定地看着对方，但如果长时间定定地注视，有可能让对方觉得你太过做作，不可信。因此，要想不让别人产生误会，我们在目光坚定地看着对方的同时，也要配合其他的身体姿势。

比如，在听别人讲话时，如果对他的话很感兴趣，不妨多点几次头，鼓励他继续说下去；或者露出真诚的微笑；或者插入一些自己的看法，等等。这时，对方会感觉到你对他的友善和尊重。

如果是你在为别人讲述某事，为了使自己的话更可信，可首先进行眼神的交流，然后配合一些表示自信和肯定的动作。这会感染他人的情绪，让人对你的话坚信不疑。

总之，目光坚定者也有可能在说谎，我们只要看看他的瞳孔和其他的表情就知道了。另外，在跟人交流时，尽量避免定定地看着对方，还要配合其他的动作或语言，表达自己的诚意。

# 抓挠脖子也有可能是说谎

　　心理学家研究发现，人们在撒谎时，会感到紧张，大脑不自觉地指挥手触摸身体，起到保护自己和放松情绪的作用。这些动作包括握紧手、摸鼻子、摸耳朵、抓挠脖子等。

　　人们抓挠脖子，一般是用食指抓挠脖子的侧面或者耳垂下方的那块区域；女性的动作幅度更为小一些，通常用手指盖住脖子和胸相接的地方，解剖学上称为"胸骨上窝"。

　　美国联邦调查局前反间谍特工乔·纳瓦罗有一次调查一名持械通缉犯，前去他母亲家问话。其母亲知道儿子被通缉，显得有点紧张，但是面对盘问却对答如流。

　　"你儿子在家吗？"当纳瓦罗这么问她的时候，她把手放到胸骨上窝，说："不在。"纳瓦罗继续提问其他问题，几分钟后，又突然问道："有没有趁你不在，他偷偷藏在家里的可能？"母亲再次把手放到胸骨上窝，说自己不知道。

　　纳瓦罗察觉到她这个小动作，确信她在说谎。为了进一步证实，离开之前他又问了一句："你确定他真的不在家里吗？"结果，她又一次将手放在胸骨上窝，回答说不在。

　　纳瓦罗申请了搜查令，最后，在密室找到了她的儿子。

　　这位母亲三次说谎，三次用手抓挠脖子，身体语言供出了她儿子就藏在家里的事实。

　　当一个人说"我非常理解你的感受"，但同时他的食指在脖子上抓挠了五次以上，那么我们可以断定，实际上他在说谎！

自从梁雅洁的同事离职之后，她就一个人干两个人的活儿，成天忙得脚不沾地儿。过了两个月，她实在不能忍受了，找到主管领导诉苦，提出要求，要么加工资，要么重新招一个人。在听梁雅洁说完之后，领导表现出很同情的样子，抓挠着脖子说："你说的这些公司都看在眼里了，我们也承认你做的工作的确不少。这样吧，我会跟上级领导商讨解决这个问题的。"梁雅洁得到这样的保证后，依然努力地做两个人的工作。

可是，过了很长一段时间，梁雅洁提出的问题迟迟没有得到解决。她觉得很懊恼，为什么领导说话不算话呢？

其实，如果她懂得领导挠脖子意味着什么，就不会轻易相信他了！领导的手在抓挠脖子，他真正想说的是："我们可以理解你的感受，可是，公司暂时还没有招聘计划。"

在日常生活中，如果遇到总是说话抓挠脖子的人，那就别轻易相信他的话！理智的做法，应该是放弃跟这样口是心非的人交朋友，因为，他是永远不会拿真心对你的。

# 撒谎者会受到潜意识的支配

潜意识不受我们大脑的控制，它所起到的作用同样是不可忽视的。其实，人们在说谎时，先受到潜意识的支配，然后才受大脑控制。所以，哪怕是最高明的撒谎者，说谎时都会做出多余的小动作，露出马脚。

**摇头前下意识地点头**

林老板的客户欠下一大笔货款未支付，底下人几次去要货款，都被告知负责人不在。这次，林老板亲自出马。他问前台小姐："请问，你们的负责人马经理在吗？"前台小姐稍微迟疑了一下，然后非常肯定地摇摇头，告诉他："不在。"

林老板盯着她，说："你在说谎！"然后，径直往负责人马经理的办公室闯，果然见他正在办公室里打电话。

林老板是怎么知道前台小姐在说谎呢？因为他观察到，前台小姐迟疑之后，还有一个非常细微的点头动作，然后才是大幅度地摇头。这个下意识地点头动作出卖了她！

研究人员发现，很多说谎的人在摇头否定之前，都会做出下意识地点头动作。这个快速地点头动作，人脑很难控制，它告诉我们，对方摇头之后所说的话都是谎言！

**睁大又缩小的眼睛**

除了快速眨动，眼睛还有其他的动作能暴露出人在说谎。

警察给被捕的毒贩一沓照片，让他辨认哪一个是同伙。他一张一张看过去，始终不肯说。但是，没关系，细心的警察已经从他的眼睛里得到答案。

原来，当他看到同伙的照片时，他的眼睛突然睁大，然后瞳孔迅速收缩，把眼睛轻轻眯了一下。后来，经过审问，这个人的确也在贩卖毒品。

用心理学原理解释是，他看到同伙的照片，会突然变得紧张，瞳孔不自觉地放大，但他害怕别人看到他眼睛的变化，于是有意识地将眼睛眯起来。

其实，这恰好暴露了他内心所想。

**咽唾沫的小动作**

小周又迟到了，被经理逮了个正着，经理批评他说："听说你最近迷上了打麻将，每天都熬到夜里两点，怎么样，手气一定不错吧？"

小周的喉结动了动，小声说："不是的，经理，这几天我爱人身体不舒服，早上我得先照顾她。"

经理当然不信他的话，因为，他看到了小周咽唾沫的动作。

当一个人说谎时，内心的紧张会让喉头有干痒和异样的感觉，这时，他会下意识地用吞咽唾沫来缓解这种异样。

所以，单凭这一个动作，我们就能判断对方说的是实话还是假话。

心理学家通过大量的研究和观察告诉我们，人在撒谎时会出现很多不经意的动作。例如上面讲到的摇头前的快速点头、眯眼睛、吞咽唾沫等，这些小动作虽然持续的时间很短，却也告诉了我们事情的真相。

脸曾被描述为思维的画板，因为丰富的面部肌肉能够做出各种各样的表情，无时无刻不反映着人们的情绪和内心世界的变化。

之前我们对头部的各个器官进行了分析，但很多面部表情不会单独地出现，会出现多个表情组合的状况。因而，从整体上进行分析，我们的解读会更加到位。

**Chapter 4**

# 笑容的背后

# 开怀大笑：欢乐十足

还记得那些曾经让你开怀大笑的场面吗？让你开怀大笑的可能是一个喜剧情节，可能是一段有趣的相声，也有可能是别人出糗的场景。

开怀大笑的形态特征非常明显，包括：双眼紧闭，下方有笑纹，眼角内侧有皱纹，眼角外侧有鱼尾纹；嘴角向上，向两侧提升，会露出牙齿；脸颊隆起明显。

笑其实是一种复杂的神经反射活动，这一过程包含了信号的接收和感官的传递。这种表情只有在受到某种较强的刺激后，才会不受控制地呈现出来，因而这种笑容也很难装出来。

生活中有这样一类人，在别人看来不好笑的事情也能引得他们开怀大笑，我们称其为"笑点低"。开怀大笑这种表情极难作假，所以这样的人通常性格豪爽、心胸开阔、为人正直，也比较富有同情心。和他们相处总会感到很愉快，他们所在的地方气氛总是很融洽。

大笑是比较耗费能量的，没有诱发大笑的刺激事件，人们很难做到开怀大笑，因而这种表情比较好判断。

要珍惜身边喜欢开怀大笑的人。他们不止自己开心，也会给周围的人带来快乐，是值得深交的朋友。

# 微笑：洋溢着温暖

俗话说"人逢喜事精神爽"。当你遇到开心的事情让你的心情特别好时，也许你并不想刻意地表现出高兴，但会不自觉地流露出微笑的表情。

微笑是我们日常生活中最为常见的笑容，在所有的表情中，它的"出镜率"算是较高的，与人交往的时候多是保持这种笑容。

这个表情比较好判断，微笑时，人的眼睛是眯着的，眼睛下方会形成明显的笑纹，嘴角因为被大幅度地拉向两侧而咧开，上下齿呈咬合状，会露出上齿。

这样的微笑通常不会发出声音，经常保持这种微笑的人往往性格比较内向、感性，个人情感容易受到其他人的影响，容易被外界的环境感染。

这样的笑容温和、亲切，给人一种舒服、温暖的感觉。所以，除了心情好的时候外，在向他人表达友善的时候，人们也会选择这样的笑。

这种微笑平凡简单，没有过于复杂而深刻的含义，是自然而然流露出来的一种神情。

与人交往的时候要尽量保持这种笑容，这样的笑容让人感觉舒服，可以更快地拉近人与人之间的距离。

一个人能够流露出饱满的微笑神情，说明他此刻的心情非常好，我们可以试着分享他的快乐。

# 假笑：另类的伪装

有一种笑容我们常常这样来形容，就是"皮笑肉不笑"，也就是我们通常所说的假笑，这样的笑在我们的生活中并不少见。

生活中很多人都在对我们笑，我们也无时无刻不在对别人笑，只是这笑容背后的真正含义，只有当事人自己清楚。

研究发现，人们在假笑的时候，左右脸的表情并不完全相同，由于控制面部表情的神经元大都集中在右半脑的大脑皮层中，而人的潜意识又希望自己的笑容更真实一些，所以左侧脸部的笑容会更加明显。

这样的笑容通常被我们理解为虚伪和心怀恶意，其实每个人都有可能这样笑过。假笑可能是一种假意逢迎，也有可能只是为了隐藏内心的悲伤，还有可能是为撒谎做缓冲。

很多时候，我们没有必要深究那些虚伪表现的深层原因，但至少我们应该从一个人的外部表现看出他是真情还是假意，他的表情会给我们提供很多线索。

（1）真正的笑容一定要有一双在笑的眼睛，所以，要判断笑容的真假，就要看对方的眼睛，那些眼部形态没有明显变化的笑容，基本上都是假笑。

（2）不要以为鱼尾纹只是一个不年轻的标志，没有它的笑容一般不会是发自肺腑的。

（3）当我们无法断定的时候，可以观察对方的左脸，假笑会在左脸上更清晰地表现出来。

# 冷笑：不屑的讥讽

两个人吵架的时候，经常会用到冷笑，就好像把它当成了攻击对方的武器，它到底能起到什么样的作用呢？

单侧嘴角上扬，露出上齿，眼睛略微闭合，但下方没有笑纹，这样的表情就是冷笑，也可叫作讥笑。冷笑也是全世界通用的一种表情，人们通常用这个表情表达厌恶和不屑。

这样的表情出现时会被非常清晰地看到，哪怕很短暂，也会让人察觉到其中的意思。比如夫妻间感情出现危机了，双方相见时可能都会冷冷地看着对方，再发出一声冷笑，表示不屑。

当人们对别人的观点表示反对的时候，也会冷笑一声，大有讥讽的意思，就好像在说："说的什么呀，简直太可笑了！"

相关研究表明，如果一个人经常发出冷笑，则说明他是一个阴险、狡猾的人，与这样的人交往需要多加注意。

人们讨厌冷笑，因为没有人愿意接受别人对自己的轻视。所以冷笑出现时，气氛也会变得很僵。

两个人在谈事情的时候，如果一方发出冷笑，则表明他有不同的意见，同时表达了对你的不屑。如果双方就某个问题争执不下，建议改天再谈，在浓重的火药味下展开的交流，不会取得好的效果。

# 狂笑：桀骜之人或亡命之徒

狂笑，即纵情大笑。有的人可能会提出这样的疑问：这狂笑与开怀大笑究竟有何区别？事实上，狂笑要比开怀大笑更为放纵和无所顾忌。

人们狂笑的时候，你能感受到这个人十足的底气，这也是与普通大笑的区别。同时人们还会摆出放荡不羁的身体姿态，看起来有些疯狂。

那么会是什么原因引发人们如此的举动呢？

（1）天性使然。喜欢看武侠小说的人知道，一些作家喜欢用狂笑来塑造人物的性格，武侠小说中经常狂笑的人，多是些江湖义士，这样的笑声代表他们狂放不羁、不拘小节的性格。

可在现实生活中，我们很少能听到这样的笑声。虽然人们会底气十足地大笑，却很少笑得这样狂妄，否则会被人们视为不正常的表现。

（2）最后的疯狂。观影的时候我们可能会看到亡命之徒在最后关头的狂笑，这是走投无路时的无奈表现。

这样的笑声不禁让人们感到害怕，这样的表现大有"豁出去"的意味。对于被逼到绝路上的人来说，他们已经具有了"死都不怕"的心理准备，这样的人最可怕。

人们在彻底释怀后或心如死灰前，也有可能会这样笑，他们或许还会做出一些让人意想不到的事情。狂笑往往只是一种前奏，我们必须多加注意，此人接下来可能会做出更疯狂的举动，我们要有所防备。

狂妄的笑声因为放肆而疯狂，会让听到的人感到害怕，不过，除了在电影或电视剧中，我们很少有机会听到这样的笑声。当然，还是听不到为妙。

# 行为心理折射人性密码

# 发掘行为背后隐藏的意义

观察身边的人，你可以发现他们一举手一投足之间，都有着自己独特的规律和含义。掌握了这些规律的判断方法，也就是掌握了行为心理学，你才能更好地了解他人心中隐藏的真正想法。

行为哲学认为：人类的行为，源自人类意识的指导，也就是说，行为与心理，其实有着极其密切的联系。基于这一点，美国心理学家华生在20世纪初创立了行为心理学，它建立在心理学的基础上，避免了普通心理学中专门研究意识的缺陷，专注于通过行为来研究人类的心理活动。也正是因为这种独特性，行为心理学成了如今最为权威而热门的心理学科。

从本质上来说，行为心理学是通过人类的动作行为，来发掘判断出他的心理活动，也就是发掘行为背后隐藏的意义的最基础实用的方法。

为什么说行为心理学是最基础实用的方法呢？我们看了下面的事件，就可以清楚地了解了。

美国联邦调查局的密探捉住了一名潜伏多年的高级间谍，为了从他口中挖出更高层的间谍名单，探员们对他进行了高强度的审讯。

一开始，这名间谍还表现出了配合的态度，交代了很多无足轻重的情报。但是，一被问及间谍的高层领导，他就立刻三缄其口，避而不谈。

　　探员们用了很多办法，也没能撬开他的嘴巴。最终，一位经验丰富的老探员接手了这个案子，拿着可能是间谍高层领导的嫌疑人名单走进了审讯室。

　　"我知道你为什么不说。"老探员笑着在间谍面前坐了下来，"以你现在的情况，很有可能会被引渡回国，你一定在等着这一天吧？"

　　间谍抬起头来，看了他一眼，然后低下头去，无论老探员说什么，都没有任何反应。

　　老探员并没有气馁，反而微微地笑了："你口风很紧，这一点我很欣赏，不过，这样的做法在这里可不明智。因为我们已经有了确切的情报，下面的这些人，很快就会被请到这儿来跟你见面了。我相信你见过他们中的几位，让我来说说他们的名字吧。奎因·格林、尼克尔·卡尔林斯、史考克·汉克斯……"

　　每说一个名字，老探员都会略微停顿一秒，观察间谍的反应。虽然间谍的面色一直保持不变，但是，在听到"鲁尼·史密斯"这个名字时，他放在桌上的食指反射性地轻弹了一下。

　　这一微小的动作被老探员捕捉到了，他很快地肯定：鲁尼·史密斯就是那名间谍的上线。果然，在对史密斯进行了一段时间的强化监控之后，联邦调查局找到了他的犯罪证据，依法逮捕了他。

　　与他人沟通时，我们可以通过语言、态度等来推断出他心中的想法，但是，如果谈话的对方根本不抱合作态度呢？他可能不回答你的问话，甚至连一丁点儿表情都不给你，这个时候，你是否就束手无策了？

　　像这样的情况，我们需要用到的就是行为心理学的知识。

人们在遭受到外界的刺激时，肌体为了适应环境，会有各种各样独特的反应，例如肌肉的收缩、腺体的分泌、肢体的运动等，这些独特的反应，就是我们口中所说的行为，也是行为心理学要研究的对象。基于心理学中的巴甫洛夫条件作用，外界环境的刺激与人体本身的无刺激是可以进行配对的，外界的刺激能够引起原先无条件刺激时才能引发的肌体反应，形成初级条件反应，而再次发生类似的刺激性事件；或者是被他人用言语的形式起到相应的刺激作用时，肌体就会产生相应的无意识的反应。

也就是说，人们所产生的无意识行为，都可以还原为一个个的条件反射，而这些反射，代表的就是人们心中真正的想法。只要能掌握行为心理学，那么他人秘而不宣的小心思，也会被你尽收眼底。

老牛与老许是多年的生意合作伙伴，最近，有一单大生意找上了老牛，他的第一想法就是和老许商量商量。

可是最近有许多风言风语传到了老牛的耳朵里，说老许已经找到了新的合作伙伴，投资方向转向了海外。

究竟该不该告诉老许这个项目呢？老牛左右为难，他借喝茶的名义将老许约了出来，打算探探他的口风。

闲聊间，老牛多次旁敲侧击地提及此事，但是老许浸淫商场多年，又怎么会如此轻易透露出自己的想法？磨了许久，老牛都没有收获。

心中有些烦躁的老牛随手将自己的茶杯放在老许茶杯旁边，挨得非常近。在平时这种情况很常见，老许也并不以为忤，可是这次，老许却轻轻皱了皱眉头，不动声色地将自己的茶杯拿起来，端在唇边喝了一口。

这个细微的动作被老牛发现，他心里一咯噔，本想要说出口的话又吞了回去。

果然，经过老牛一段时间的观望，老许真的转移了投资方向，逐渐偏离了二人合作的轨道。

作为商场上的老将，老许在言语上能做到滴水不漏，但是他的小动作，还是出卖了他内心对老牛的疏远感。而老牛如果不是对行为心理有点研究，发觉了老许这个动作背后的隐藏意义，恐怕还会像从前一样对待老许，那样他不仅会被多年的合作伙伴背叛，很有可能连那单大生意都要遭受损失。

由此可见，在生活中发掘他人小动作背后隐藏的意义有多么的重要。我们平日里研读心理学书籍，多是为了判断对方的心理活动，好在"知己知彼"的情况下，做到"百战百胜"。而学习心理学的过程，就像是盖楼房一般，楼房能建得多高，在于地基打得有多好。诸如冷读术、攻心术大多讲的是技巧、方法，而行为心理学所讲述的，是判断的根源。如果无法很好地判断出对方的心理，那么技巧掌握得再多也事倍功半；如果可以正确掌握对方心理，那么所有的技巧使用起来，就会事半功倍。

# 分析他人个性，预见其未来的行为

想要掌控他人，就要了解他人的性格，并且能够预见他未来的动作。我们无法做别人肚子里的蛔虫，但是可以运用行为心理学。

在华盛顿的一条金融街上，一位负责巡查的警探在一家银行的门口注意到了一名头戴围巾的妇女。

那名妇女看起来与普通人毫无二致，但是她先是站在银行门口，左顾右盼了一阵儿，接着挪开了脚步，向银行边停着的运钞车走去。

警探一开始以为她是在等人，但在她走向运钞车时，他的警惕心立刻提了起来。这家银行在金融街每天的交易金额都十分巨大，经常会发生一些持枪抢劫的事件。

警探躲进了临街的一家商铺里，装作观看商品的样子，近距离地观察那名妇女的行动。

近距离观察中，警探发现那名妇女没有普通妇女的温和柔弱，她紧绷的嘴角和蹙起的眉头，显示出一种极为冷冽的气质。并且，她也不像其他的路人那样急着赶路，而是慢吞吞地走着，眼神中不时流露出紧张和兴奋的情绪。

警探几乎完全可以肯定，这名妇女的目标，就在她面前没多远的运钞车上。他从店铺里出来，趁那名妇女不注意，悄悄接近她。就在这时，那名妇女戴上手套，从大衣里取出准备好的手枪……

　　一旁潜伏的警探一个猛子扑了上去，在一切还没有发生时，将这起抢劫案扼杀在了摇篮里。

　　这并不是电影里的情节，而是在美国真实发生的一起案件。那名妇女是恐怖组织的一分子，专门从事抢劫银行运钞车的活动。试想一下，如果不是警探在她开始行动前，就发觉了她的异样，掌握了她的心理动态，那么那名妇女的这一次抢劫行为，极有可能成功，或是造成惨重的人员伤亡。

　　我们平时运用心理学，多是为了判断出他人的心理活动，从而更好地掌控事件的进展，或是谈话的全局。而运用行为心理学，不仅可以起到与此相同的作用，更可以通过行为分析对方的性格、习惯，对他未来的行为、判断做出推断，从而达到"未卜先知"的效果。

　　小聂是房产公司首屈一指的销售人员，再难缠的客户，到他手里，也会变得服服帖帖，这让其他人非常羡慕，纷纷向他讨教"对付"客户的关键。

　　架不住众人的"糖衣炮弹"，小聂"招供"了自己搞定客户的办法："其实很简单，当一位客户走进来，从他的动作、神态，就可以看出他是个什么样的人，他想买什么样的房子，然后再根据这一点，投其所好就可以了。"

　　"怎么可能这么容易？"同事们纷纷表示不信。这时候，正好有一位中年女性客户进门，小聂向众人示意，然后迎上前去。

　　"您好，有什么可以帮到您的吗？"小聂礼貌地打着招呼。

　　"我有一处房子想要卖。"那名中年妇女眉头紧皱，一副明显不信任小聂的样子。小聂请她坐下，她从包里掏出纸巾擦了擦椅子，才斜坐了下来。

"那请问您的房子在什么地段，想要卖到什么价钱呢？"小聂露出最温和的微笑和最专业的态度，可是这一招仍然没能让那名中年妇女放下心理防备。

经过一段时间的交涉，那名中年妇女总算是舒展开了眉头，但临走时，却抱紧自己的手提包，斜着眼跟小聂说道："虽然登记了，但回头我还是会去别家看看的，你们别想坑我！"

"这点您可以放心。"小聂仍然彬彬有礼，"您在任何房产公司登记都是一样的，我们不会收取您任何费用，不过，我们公司有最多的客源，服务过程也完全透明化，无论您有什么样的问题，我都可以帮您解决。"

"哼，但愿吧。"中年妇女冷哼了一声，转身走了出去。

她一走，小聂的同事们就围了上来，七嘴八舌地讨论起来：

"这人也太难伺候了……"

"是啊，一看就知道她不是诚心想卖房……"

"这种客户肯定没戏了！"

"错。"小聂摆摆手，否定了同事们的看法，"正好相反，她真的是想要卖房，并且她过些时候，一定会再打电话来。"

"不可能吧？"同事们纷纷侧目，觉得不可思议。

"从她进门时就皱着眉头，还用纸巾擦椅子的动作就可以看出来，她平时是一个比较自闭，疑心很重，敏感并且还有洁癖的人。像这样的人，如果没什么事的话，不愿意与陌生人交流，而她今天过来，一定是急着用钱，或是什么别的原因，所以在短时间内想要把房子出售出去。

"另外，从她总是抱着自己的提包的动作也可以看出来，她对所有人都有着强烈的防备心理，但同时，又强烈期待着能够获取来自他人的帮助。为她服务的人态度只要有一点差错，就会让她觉得受到蒙骗和伤害。这样的客户虽然不好对付，但在成交过程中只要做到干净利落，不拖泥带水，相对于那些真正难缠的客户，还是很好签单的。"

"原来是这样。"同事们纷纷点头。果然，没过两个小时，那名客户的电话打了过来，催促小聂带人去看她的房子。

从皱眉头、擦椅子、抱紧提包这几个动作，小聂就分析出了那名中年女客户的心理活动和性格特征，这与他平时钻研行为心理学分不开。如果换作普通的销售人员，从语言态度上分析那名中年妇女的表现，绝对会认为她不是诚心想要卖房，从而冷淡对待，不用说，那名生性敏感的客户会在第一时间内跑掉。

由此可见，从行为上分析他人的个性，才是最稳妥、最可靠的办法。当你了解了他人的性格之后，就能够推断出他未来可能的行为，从而可以为自己如何应对增添一份筹码。

# 行为是无法说谎的

心理学家弗洛伊德说过："任何一个感官健全的人，最终都会相信没有人能守得住秘密。如果他的双唇紧闭，而他的指尖会说话，甚至他身上的每个毛孔都会背叛他。"我们的语言也许可以骗人，但是行为无法说谎。

小时候看《福尔摩斯探案集》，我们对里面"料事如神"的福尔摩斯崇拜到了极点。而接触了行为心理学之后，我们才恍然发现：很多时候，福尔摩斯经常通过观察他人的行为来判断其是否说谎，是否有所隐瞒。事实证明，他的这种判断往往都是正确的，这种直觉的判断与行为心理学的理论研究是一致的。

《沉默的羔羊》《不死潜龙》《勇闯夺命岛》《特工佳丽》《虎胆龙威》……这一个个熟悉的电影名字，将我们引入一场场正义与邪恶、激情澎湃的战斗中，与此同时，FBI这个响当当的名字也进驻大多数人的心里。

FBI的全称是Federal Bureau of Investigation，美国联邦调查局，是美国最重要的情报机构。每一个出身FBI的探员，都是美国警界的拔尖者。经过层层的选拔和为期三个月的全封闭式严酷训练，才能够真正取得做FBI探员的资格。而在FBI学员的训练过程中，最关键，也是最重要的一课，就是学习行为心理学。

为什么连FBI的探员们都要学习行为心理学呢？

天天与恐怖分子、高智商犯罪人群打交道，FBI探员们需要在第一时间，判断出对方是否在对自己说谎，甚至是对方在想什么。但是，很多犯罪分子都是说谎的高手，如果探员们单从犯罪分子的语言上来判断，就很有可能会与真相失之交臂。因此，FBI探员们大都依靠判断行为来掌握嫌疑人的心理活动。

坐在桌子那一头的嫌犯小心翼翼地回答着FBI探员的问题，他的言辞非常恳切，也有充分的证据证明自己在案发当时不在场。可是，FBI探员还是不依不饶地对他进行询问。

"假如让你去杀一个人，你会用枪吗？"

嫌犯耸了耸肩，摇摇头，一副很无奈的表情。

"那么，假如让你去杀一个人，你会用刀吗？"

嫌犯做出同样的动作，摇了摇头。

"假如让你去杀一个人，你会用铁锤吗？"

"不。"嫌犯依旧摇头。

"假如让你去杀一个人，你会用碎冰锥吗？"

在听到这个问题时，嫌犯稍稍露出了一点儿不一样的情绪，他的眼皮明显地耷拉了下来，似乎想要掩盖什么，但是这动作转瞬即逝。

可是，心细如发的FBI探员注意到了这一点，这个嫌犯因此成为案件的第一嫌疑人。果然，在进一步的调查后，证实他就是杀人凶手。

通过一次只有0.2～0.4秒的眨眼，FBI探员就发现了那名嫌犯的破绽。在听到了自己用过的作案工具碎冰锥时，嫌犯所产生的异常的身体反应，正是FBI侦破这起案件的切入点。正是因为具备对动作行为的敏感性，FBI才能像超人一般，一眼看破他人的心理变化。

可以说，行为心理学作为FBI辨人识人的终极秘技，是毫不夸张的。就连FBI的一位高级探员都说过："在实际办案过程中，可以从对方外在的身体语言中读懂他们的内心世界，这非常有益于我们破获疑难案件。因此，我们会把如何通过身体语言来破解内在信息作为FBI重点培训的教程。"

在经过了系统的行为心理学培训之后，FBI探员在面对嫌疑人时，会将他的每一个细微的动作都"扫描"进大脑，精确地分析其内在的含义。也正是因为掌握了这一秘籍，FBI才能够屡屡抓住细节，破获奇案，成为我们心目中的"神探"！

# 变成心理学家那样的"窥心者"

掌握行为心理学知识，你就能变成心理学家那样的"窥心者"，他人的一举手一投足所代表的意义，都逃不过你的眼睛，更能让你在人际交往中如鱼得水。

小娟是办公室里的"开心果""知心姐姐"，她似乎天生就有着看透别人心思的眼睛，哪一位同事遭到打击，哪一位领导心情不爽，甚至是身边有人接下来想要做什么，她都能先一步猜到，给予别人最适当的帮助，这让办公室的人都非常喜欢她。

新人小高刚来公司，总是做错事，会错意，因而对于小娟更是钦佩之至。小高找了个机会，诚心诚意地向小娟请教秘诀。

"其实也没什么秘诀。"小娟谦虚地笑笑，"我之所以能够获得大家的好感，完全是因为我能够从行为上判断大家的心思而已。"

"比如说，"小娟指了指刚从外面走进来的主任，悄悄地吐了吐舌头，"你看，王主任走得满头大汗，眉头紧皱着，嘴角还朝下撇，这代表他心情很不好，可能是在外面受了客户的气，也有可能是因为堵车而耽误了重要的事。总之，现在千万不要去找他反映工作问题，不然只会碰一鼻子的灰。"

"原来如此。"小高心悦诚服地点着头，"娟姐，你观察真是细致。"

一旁埋头工作的小陈瞪着布满血丝的眼睛，紧盯着电脑屏幕，忽然又烦躁地抓了抓头发，打了个哈欠，站起身来向正在聊天的二人走来。

"娟姐……"

小陈还没说明来意，小娟就从桌子上拿起一袋咖啡递了过去："给你，下次别这么拼命加班了，总是熬夜对身体不好。"

"还是你了解我。"小陈嘿嘿一笑，转身拿起杯子去冲咖啡。

"娟姐，你太牛了。"看着这一幕，小高向小娟竖起了大拇指。

小娟能够猜透他人的心思，除了靠观察细致外，更重要的，就是她所掌握的行为心理学知识。如今的社会中，存在着很多不可见的陷阱与骗局，每个人都将自己的心禁锢起来，从不轻易跟他人说真话，也正是因为如此，人与人之间的真心交流越来越少，绝大多数人会有"知己难求"的感慨。

在这样的社会环境下，如果有人能够准确地判断出他人的心理，化解对方潜意识里的排斥与防备，那么绝对能够在短时间内取得对方的好感，甚至赢得对方的信任。

试想一下，如果一个人能够做到这一点，那么他还会有人际关系上的难题吗？无论是面对难缠的客户还是严厉的领导，都可以通过他们的行为，来判断出他们内心真正的想法，从而更好地处理人际关系。

另外，掌握行为心理学，不仅可以通过行为分析出他人的情绪变化，从而从容面对，做出最好的决断，更能够让你在人脉圈中轻松享有"心理专家"的美誉。试问，一位能够随时为朋友出谋划策、解决难题的"智囊军师",会有哪个人不欢迎他呢?

美国著名的FBI探员纳瓦罗就是这样一个人。

从FBI退休之后,纳瓦罗成为许多大公司的心理顾问。有一次,他作为英国代表方的顾问,应邀去参加英法两国两家船舶公司的谈判。

英国的首席谈判代表显然没有将这位大名鼎鼎的前FBI探员放在眼里,在见到纳瓦罗之后,他交代道:"一会儿进入谈判室,我们会先听对方的陈述,然后我们再进行陈述,你可以在旁边看着……"

"你们雇我来,可不是让我在旁边看着的。"纳瓦罗摇了摇头,"我需要和你们一起商讨合同的细节问题。"

"不行,那样耗费的时间太长了。"还不信任他的英国首席谈判代表立刻否定了他的话。

"如果你想让双方达成协议的话,那么我提的反对意见你最好重视。"纳瓦罗着重强调,"在会上,我会注意观察,看哪些条款是对方可以接受的,哪些是他们不愿意接受的。总之,我会尽量去解决那些可能出现的问题。"

会谈按照纳瓦罗希望的方式开始了,在双方研读合同内容的同时,纳瓦罗不断地向英方首席谈判代表递小纸条,说明哪些条款会有问题。对面的法方代表十分奇怪,为什么英国的代表总能抓住他们最在意的利益点不放呢?

会议之后,英国首席谈判代表对纳瓦罗的印象大为改观,他好奇地问道:"我也一直在钻研这些条款,但是为什么你就能看出来他们在乎哪些呢?"

"我只是一直在观察他们的动作罢了。"纳瓦罗微微一笑,

"每当他们遇到特别在乎的条款时，嘴角都会不由自主地抿一下，这个小动作，恐怕连他们自己都没有意识到吧。"

就这样，纳瓦罗帮助英方拒绝了许多价格不菲的"修订提议"，节省了至少几百万美元，而英方的首席代表，从此对纳瓦罗心悦诚服，成了他的"信徒"之一。

如果我们能够像纳瓦罗那样，通过行为举止猜透人心，辨析人性，那么不仅能够让自己在生活中一帆风顺，也能够让周围的朋友越来越依赖，越来越信服你，你会成为朋友中的聚光点。

# 通过行为心理学了解他人的潜意识

著名作家海明威在他的作品《午后之死》中，把文学创作比作冰山，而实际上，人们的意识也与冰山十分相似。所以说，通过行为心理学掌握他人95%的潜意识，比费尽心思掌握仅仅5%的显意识要有用得多。

看过《泰坦尼克号》的人，都对影片中游轮撞冰山的那一幕不陌生。当游轮紧急转向，只为了避过前面那尚不及游轮十分之一大小的冰山时，相信有不少人的心都提到了嗓子眼。但是，有多少人想过这个问题呢？为什么看到那么小的冰山，船上的所有人都惊慌失措，让爱德华船长紧急转弯？而又是为什么，那样体积的冰山，就可以让当时素有世界上最大、最先进的"永不沉没"的泰坦尼克号拦腰横断？

在影片中，有一个细节回答了这个问题。当轮船的船体在海水中前进时，一团巨大的黑影，与船身发生了剧烈的摩擦，撞破了船身隐没在海水下的部分，让汹涌的海水冲进了锅炉室。

那团巨大的黑影，就是那座冰山隐藏在海底的部分；同时，也引申出我们要讲的心理学理论——冰山效应。

冰山效应，又被称为冰山理论，是著名的心理学家弗洛伊德提出的。他认为：人的人格，就像是漂浮在海面上的冰山一样，显露在海面上的，仅仅是冰山一角，即属于显意识的层面；而大部分没有表露的层面，属于潜意识。潜意识在某种程度上，决定着人们的发展和行为。

潜意识指的是埋藏在显意识下的一股神秘力量，又被称作右脑意识或宇宙意识，在平时的生活中，也被我们称为"潜力"，是人体中存在却未被开发出的能力。

维也纳大学康士坦丁博士在自己的报告中估算过：人类的脑神经细胞大约有1500亿个，每一个脑细胞与其他的脑细胞相互联络，在大脑中组成神经元，开启"信息电路"。然而，人类至少有95%的神经元还处于未被开发状态，即使是爱因斯坦这样的科学巨匠，也只不过运用了他潜意识部分的2%而已。

由此可见，潜意识对于人们的影响是多么的巨大。我们无法掌控自己的潜意识，但是我们的行为、动作、表情与态度却处处受它影响。因此，如果能够了解他人的潜意识，那么对于我们接近他人，取得他人的信任，会有意义非凡的帮助。

从国外名牌大学毕业的玫红，通过朋友介绍去了一家大公司应聘。

面试官是一位看起来十分精明干练的白领女性，从礼仪到言语，都十分具有大公司中层领导的专业风范。面试官客气地请玫红坐下，看过玫红的简历，向玫红提了一些专业性的问题，并询问了玫红对公司的看法。

两个人之间的对话进行得有板有眼，但是细心的玫红却发现：面试官总是有意无意地去看自己的手表，并且双脚也总是向大门的方向倾斜。

例行的询问进行完毕之后，接下来是玫红自我发挥的部分，可是这时候，早已经过了公司的下班时间。玫红看了看表，做出了一个让面试官诧异的决定："张经理，今天都已经这么晚了，要不我们边走边说如何？去停车场的这段时间，正好也够我做自我介绍的了。"

"呃……也好。"虽然有些惊奇，但张经理微微皱起的眉头却舒展了开来。

一路上，玫红言简意赅地做了自我介绍，由于时间的关系讲得并不完善，但是张经理对她的态度，却由一开始的公事公办，变得十分和缓，甚至还体现出一丝亲切的意味。

果然，到了第二天一早，玫红就收到了面试通过的消息。

如果是一般的面试者，在进行自我发挥的部分时，都唯恐时间会不够用，会想尽办法在面试官面前表现出自己的长处。但为什么玫红这种"偷懒"的行为，反而能让面试官对她青睐有加呢？

细心的读者也许能看出来，玫红之所以会独辟蹊径地取得成功，完全在于她对面试官的行为观察。

作为一名大公司的中层管理者，面试官必须要求自己随时随地体现出最专业的素质，因此，就算是有什么急事，心中火烧火燎，在表面上，她也不能有丝毫的表现。只不过她的行为出卖了她，无论是无意识地看表，还是脚尖冲着门，都表现出她内心中急切的渴望——想要赶紧处理完手头的事情下班。

这样的动作可能连面试官自己都没有注意到，但是却被玫红注意到了。因此，她即使没有做到最好，也给面试官留下了好印象，再加上她原本的能力与资历，取得这份工作是理所应当的事。

所以说，通过行为来判断、了解他人潜意识中的想法，比起仅仅通过言语和表情来猜测他人的显意识要实用得多。

# 审视自己，了解他人的终极技巧

我们常说，知己知彼，百战不殆。可是真正的知己知彼，又有几个人可以做到呢？

每一个人都觉得自己了解自己，但是当我们遇到什么事，或是受到什么打击时，我们会做出十分反常的反应。这时候，我们往往会冒出这样的想法：其实自己并不了解自己是个什么样的人。

实际上，想要了解自己并不是难事，关键是要用对方法，掌握好技巧。

周哈里窗，就是用来审视自己，甚至是深入了解他人的终极技巧。

提出周哈里窗概念的，是心理学家鲁夫特和英格汉，他们在著作中提出"周哈里窗"模式，将人们的心分为一扇四格的窗口，这四格窗口分别是"开放我""盲目我""隐藏我"和"未知我"。

这四格窗口，组成了我们心灵上的一扇窗户。左上角的那一格窗口，被称为"开放我"，又叫"公众我"。这个窗口所代表的是我们内心中可以显露于外的部分，比如说相貌、性别、职业、能力、籍贯、爱好、成就等。这些能够公开的信息，组成了心灵的自由活动领域，是了解自我、评价自我的最基本的依据。

当然，每个人"开放我"的大小都不一样，这与一个人自我心灵的开放程度、人际交往、个性张扬的力度和广度有关。像是当红的演员，他的"开放我"就比一个默默无闻的工人的"开放我"要大得多。

接下来，是我们心灵右上角的那一格窗口，被称为"盲目我"，又叫"背脊我"。之所以会得到这个名称，是因为它属于我们自我认知中的盲点区域。所谓的"当局者迷，旁观者清"，讲的就是"盲目我"。

"盲目我"所代表的是潜意识层面的行为特征，比如说一些突出的心理特征，一些不经意的动作或是习惯，等等。这些情绪流露自己往往体察不到，只有在他人告诉你时，你才会有所了解，但是一般会做出惊讶、辩解或是有所怀疑的态度，因为那根本不是你想象中应该出现的情况。

当闺密严肃地告诉小红，自己实在是受不了她言而无信的一面时，小红十分委屈。"我哪里言而无信了？"小红辩解道，"我什么时候答应过你的什么事没有做到？""上个星期你说陪我一起去买衣服，但是临时变卦；上个月你说会帮我介绍男朋友，可是这会儿恐怕忘得干干净净了吧？"闺密质问道。小红被说得哑口无言，闺密不说，她几乎把这些事儿忘得干干净净，不过……用得着发这么大的火吗？小红嘀咕着，谁还没有忘事儿的时候呢？

像小红这样的情况，就是看不清自己"盲目我"的表现，她这种轻易承诺，转瞬间又会忘得干干净净的特征，被别人揭露出之后，她反而是最吃惊的。

还有一格窗口，叫作"隐藏我"，又被称为"隐私我"，指的是我们心灵中隐私的一部分，这一部分通常是我们自己知道，但是别人不知道。个人秘密、缺点、往事、痛苦、欲望、疾病等，都有可能成为"隐藏我"的内容。

没有任何隐私的人是不存在的，因此，每个人都会有"隐藏我"。但是，"隐藏我"如果过多，那么"开放我"就会越少，这样的话，就好像在我们的心灵与外界之间筑起一道高墙，无法与外界进行正常的交流。

一般"隐藏我"过多的人，是自闭、隐忍、胆怯、虚荣或是自卑的人，这样的人通常会压抑自己，同时也让周围的人感到压抑。所以说，我们应该努力面对"隐藏我"，探索自我，直面自己的本质。

最后一格窗口，就是"未知我"，又叫"潜在我"。"未知我"与我们讲到的潜意识，有着极其紧密的联系，甚至可以说，"未知我"就是我们平时所说的潜在的自己。

"未知我"对于一个人来说，属于处女领域。一些潜在的能力或是特性，或是在特定环境里所能体现出的才干，都属于"未知我"的一部分。

对于"未知我"，我们要更努力地探索开发，只有更好地认识自我、激励自我，才能够发展自我、超越自我。在这个过程中，行为心理学能起到的作用最大，因为人们的"未知我"，通常由无意识的行为动作来表现。可以说，掌握好行为心理学，就能够掌握判断他人"未知我"的技巧。

周哈里窗的四格窗口在我们每一个人的心里开着，认清这四格窗口，能够让我们认识自我、辨析自我、提升自我。

# 拥有预见他人行动的 "先知之眼"

我们每个人都有心智模式，这种特定的心智模式，会根据我们的行为态度表现出来，形成一种特殊的可预见的习惯。因此，通过行为心理学深入辨析研究，我们可以拥有预见他人行动的"先知之眼"。

《列子》中有一则名叫《齐人失斧》的寓言，讲的是齐国有一个人丢失了斧子，怀疑是自己的邻居偷走了。自从产生了这个想法之后，他就觉得邻居的一举一动都很像小偷，不管是干活、吃饭、聊天，都是一副贼眉鼠眼的样子。

但是没过多久，斧子在他的后院里找到了。从这之后，这个人再看邻居，怎么看都觉得他一身正气，丝毫没有他是小偷的感觉了。

这个寓言所蕴含的心理学道理，就是心智模式。心智模式，又被称为心智模型，是20世纪40年代由苏格兰的心理学家肯尼思·克雷克创造出来的。简单地说，心智模式指的就是深深植入在我们内心中的关于我们自己、别人、组织甚至是世界每一个层面的假设、形象和故事，也就是现在网络上的通用语"YY"。但是，这种"YY"并不是天马行空的想象，而是受我们的定式思维、习惯思维和已有知识的局限，是一种特定的思维模式。

这种思维模式是根深蒂固地存在于我们心中的，对我们平时对待他人、采取行动，乃至于世界观、价值观都有着非常深远的影响，是我们认识任何事物的方法与习惯。当我们的心智模式与认知事物发展的情况相符合的时候，它可以让我们的行动倍加顺畅，有"事半功倍"的效果；反之，当我们的心智模式与认知事物发展的情况不相符时，我们原先的构想就无法实现，甚至会酿成严重的后果。

美国麻省理工学院彼得·圣吉博士曾在自己的著作中阐述了这个道理：

他研究的对象，是一批从业多年的电气工人。电气作为高危行业，每一个上岗的电气工人，都要经过严格的培训和定期的考核，才能取得从业资格。

可是即便如此，操作事故仍然在这个行业里层出不穷。

圣吉博士深入这批电气工人的内部，发现他们在应答试卷、阐述理论时十分专业，但是在实际操作中，唱票复诵逐项打钩等流程，就被他们视为"小儿科"，因为怕麻烦而没有一一执行。

这些工人们比谁都清楚从业的危险性，他们在进行安规考试，甚至是现场监察时，都能够一板一眼地做到最好，但在实际操作时却经常粗心、心存侥幸、麻痹大意，有些人即使做出了误操作，都不知道是怎么一回事。

这样的习惯性违章，究其根本，源于长期的不良的心智模式。习惯性的行为，往往不是人有意识的行为，而是下意识，也就是潜意识下的行为。长期在这种不良的心智模式的影响下，拥护理论和实际操作的差距越来越明显，最终发展为下意识的行为，严重威胁着工人们的安全。

圣吉博士认为：心智模式，是人们脑海中"简化了的假设"。他认为人们在面对事物，或是需要采取行动时，脑海里浮现出的并不是完整的、全面的事物的图像影像，而是被概念化的假设、成见和印象。也就是说，人们经常会以经验来决定怎样观察事物，采取怎样的行动。

但这并不是说心智模式就是人们的成见，是贬义的，而是经验、习惯的总称。每个人都有自己的心智模式，我们或许不曾察觉，但是，它确实在影响我们的行为和决断。

因此，通过行为认识到他人的心智模式，对于掌握他人心理，了解他人习惯，有着重要而深远的意义。

通过归纳总结，圣吉博士描述出心智模式的五个典型特征：

**普遍性**

对于心智模式，人们早有觉察，但是一般人都认为这只是个人身上的特例。然而，每个人都存在心智模式，并且总是通过自己特有的心智模式来进行思考和行动。

**隐蔽性**

心智模式是隐蔽的，不易察觉的，我们经常把习以为常认为是理所当然，这就是心智模式在作祟。可以说，每一个人都被自己的心智模式指挥着观察、思考与行动，但是自己往往没有察觉。

**两重性**

就像那些违规操作的电气工人，他们的心智模式表现在拥护理论和实际操作完全分离。这种分离，不是有意识地说一套做一套，而是人们肯定一种理论，但是在实际操作时却按照自身的习惯来行动。

**偏执性**

人们总是透过自己的眼睛来看世界，换句话说，人们总是依靠自己的心智模式去判断世界。通过观察、沉淀，人们脑海中留下的，通常是符合自己心智模式的东西，再加以记忆、转化，对于不符合自己心智模式的东西会自动排除掉。因此，心智模式具有一定的偏执性，会让我们将未经证实的推论视为事实，致使人们做出具有偏见的决定，难以客观公正地看待事物。

**不断成熟性**

心智模式的好处，在于人们可以通过一定的心智规划而省下不必要的行动。人们因为在社会中所处地位、背景、文化、价值观的不同，心智模式不可能是完善的。也正是这种不完善性，使得人们的心智模式可以不断地修炼发展，向更高层次提升。

# 不要小看"过去"对人的影响

不要小看"过去"这个词对人的影响，我们现在的种种行为所反映的都是我们过去未被满足的意识。了解自己内在的"小孩"，我们就可以了解自身，改正缺点；而了解他人内在的"小孩"，则更有利于深入人心，掌控他人。

一匹小马被拴在木桩上。它年龄还小，非常调皮，不是想去追逐翩翩飞舞的蝴蝶，就是想去啃两口路边的青草，但是以它的力气，根本无法撼动拴着它的木桩。因此时间久了，当小马被拴在木桩上时，它就安安分分地不再挣脱。

渐渐地，小马长成了大马，它的力量成倍地增长，可以拖动几百斤的大车，也足以拔起那根小小的木桩。但是，每当大马被拴在木桩上时，它就会像小时候一样安分，丝毫没有去撼动木桩的念头。

新精神分析流派、现代客体关系心理学认为：大多数现代人都有一种内在的习惯模式，这种模式决定了我们与其他人、社会、世界，甚至是自己的相处模式，这种模式多在人们六岁之前就已经确立了，在行为心理学中，被称为"内在的小孩"。

简单来说，内在的小孩就是父母在儿童幼年时，对待他们的方式、方法和行为等，在孩子们内心形成一种固定的模式，在孩子成年后，他们会不自觉地将这种模式套用在自己，甚至是他人的身上。

阿桑是一位众人眼中的"女强人"，她做事刚烈果敢，进取心强，进公司短短不到两年的时间，就从一名普通的职员荣升为副总经理。

阿桑坐上副总位置的那一天，每一位和她交好的同事都十分喜悦，纷纷夸她"事业有成"，但反观阿桑自己，却仍然是一脸落寞的模样。

"难道坐上副总的位置，你还有什么不满吗？"十分看重阿桑的总经理问她。

"不是这样，杨总。"阿桑摇摇头，"能够升上这个职位，我当然十分高兴，可是，有时候我却在想一个问题：我总是在不停地追求成功，可是对我来说，成功究竟是什么呢？"

阿桑之所以会产生这样的迷惘，与她小时候的家庭环境分不开。她是家里的大女儿，还有一个妹妹，比她小两岁。

妹妹年纪小，也十分聪慧，因此比阿桑更得父母喜爱。每次考试之后，父母总会拿着妹妹的试卷大加夸赞，给她口头或物质上的表扬。但是阿桑学习稍差一些，不得父母喜欢，因此总是被冷落在一旁。

不甘如此的阿桑分外努力，成绩节节高升，可是，无论她如何用功，父母都对她所取得的成绩视而不见。慢慢地，阿桑觉得是自己取得的成功还不够大，还不够明显，因此，她要取得更大的成功好在父母面前证明自己。可是，努力了这么多年，阿桑却越来越迷惘，不知道自己这些年的努力，究竟是为了得到什么。

阿桑之所以会有这样的感觉，与她小时候养成的"内在的小孩"分不开。

她内在的小孩是如此的需要成功，需要被关注。但是，在长大之后，她显然无法得到来自父母当时那样的肯定，因此对自身产生了迷惘。这时候，如果有人能够给她类似的肯定与鼓励，那么她必然会对那个人死心塌地。

阿桑也许表现得还不够明显，但我所认识的小斌，就是非常典型的这种人。

小斌和小徐是同组的同事，从能力上来说，小斌要比小徐强一大截，但是他经常帮小徐做事，小徐也心安理得地指使着小斌去做这个做那个。

不少同事都不理解他们的这种关系，在他们看来，小斌完全不需要这么依赖小徐，以他的能力，就算是一个人单干，也能独当一面。

但对于小斌来说，却不是那么一回事。在他认识小徐之前，他每做一件事，总要瞻前顾后地考虑半天，生怕自己做不好，不如别人，更怕挨老板的骂。于是，交给他的任务，他总是想做到尽善尽美，但往往因为这一点而耽误了时间，让老板大发雷霆。

自从跟小徐"搭伴儿"之后，小徐每天要做的事情，就是鼓励小斌，恭维小斌，让他对自己做完的工作没有后顾之忧。

毫无疑问，小徐正是摸清了小斌"内在的小孩"，才能够依着他的脾气秉性，为自己所用。

"内在的小孩"影响的意义是如此深远，它不会随着我们年龄的增长而自然长大，反而会在我们陷入痛苦或是困境的时候，强烈地爆发出来。

这是一种拴住我们自己的力量，但同时，如果能够认识并突破它，对于我们的成长，会有着极大的推动作用。

# 认知失调的自我平衡

互相冲突的认知是我们心理的一种原动力，人们为了降低认知之间的冲突，平衡心中的落差，强迫自己接受或是寻求新观念，像这样的过程，就被称为认知失调的自我平衡。

认知失调，指的是人们因为做了某项与自己的态度不一致的行为，而引发出的不舒服的感觉，也就是个体认识到自己具有两种态度，这两种态度之间，或者是自己的态度与行为之间存在着矛盾。这种矛盾通常会引起心理紧张，为了克服这种紧张，人们会用许多方法来减轻这种感觉。

老王是一个抽烟近十年的老烟迷，最近爱人与他大吵了一架，所以他下定了决心，一定要把烟戒掉。

可是，这决心下了没两天，一次同学聚会时，多年的哥们儿随手就递了一根烟过来。

抽，还是不抽呢？

眼看着周围的同学吞云吐雾，老王的心里也痒痒的，但是他还是摇摇头拒绝了："不了，我戒了。"

"拉倒吧，我戒了饭，你小子也不能戒烟。"哥们儿二话不说，将烟塞到了老王手里。

拿着那根烟，老王思量再三，终于一狠心点着了它。

老王心里想：看来自己还是喜欢抽烟的，就算不是为了缓解压力，可生活中有那么多场合需要抽烟，只能说少抽点儿了。以后别人给烟，大不了能推就推，实在推不掉再抽好了。

老王这种心理变化，就是一个认知失调的过程。他原本想戒烟的想法，和哥们儿给他递烟不得不抽的行为产生了认知失调。为了平衡这种落差，他为自己找了"自己还是喜欢抽烟""为了缓解压力""生活中有那么多场合需要抽烟""以后能推就推"这四个理由，从而说服自己心安理得地享用那支烟。

费斯廷格认为：每个人的认知结构，或是心理空间，都是由各种各样的认知元素构成。这些认知元素，是独立的、相对的，而一旦一个人心中的两个认知元素产生了冲突，那么就会造成认知失调。随着认知失调的增加，用来降低或是消除失调的心理压力就会越来越大。

与此同时，认知失调理论也认为认知与行为之间有着必然的联系，只有先有行为的改变，才会有认知的改变，而认知失调效应，只是作为中介而已。人们之所以要改变认知，平衡失调，追根究底是为了给行为一个理由，让自己的行为合理化。

所以说，我们平时如果看见某人言行不一，或是态度与行为上有着截然相反的差别，那么就可以细心观察他的行动，运用行为心理学进行分析，很容易就可以找出他认知失调的原因。

那么，我们应该如何减少自己的认知失调呢？通常来说，有四种方法可以运用：

### 改变认知

如果两个认知之间相互矛盾，那么我们必须改变其中的一个认知，让它与另一个认知相一致。比如说我们平时见到的都是白天鹅，就会想当然地认为天鹅都是白的，这时，如果我们看到了一只黑天鹅，那么就得改变我们原有的认知——天鹅也有黑色的。

### 增加新的认知

当有两个不一致的认知导致认知失调时，我们可以增加新的认知，来协调我们认知的失衡感。老王为自己找的抽烟的借口，就明显属于这一类。

### 改变认知的重要性

通过比较两个不一致的认知之间的重要性，以更重要为其中的一个认知加权，从而减少失调。

### 改变行为

因为认知失调与行为之间有着必然的联系，所以改变行为，也可以减少心中的失调感。只是对于大多数的人来说，改变行为比改变自己的态度更加困难。

6

*Chapter 6*

# 微表情与性格

# 自卑情结：优秀源自对自卑感的超越

如果我们要超越自卑，就要对自己做全面了解，发现自己的优点，做自己最擅长的事情，不要盯着弱点不放；要寻找产生自卑的深层原因，从源头上瓦解自卑情结；还要扬长避短，把某种缺陷转化为前进的动力，用成功强化自信。

1927年，A.阿德勒出版了《超越自卑》一书，他从个体心理学观点出发，以自卑情结为中心，创立了个体心理学。在他看来，人类的所有行为都源自自卑感以及对自卑感的克服与超越。

他在书中以轻松的笔触描写了自卑感对行为的影响、个人如何克服自卑感，以及如何将自卑感转化为一种积极向上的心态，最终创造人生的辉煌。

阿德勒指出：每个人都有不同程度的自卑感，因为没有一个人对自己此时所处的地位感到满意；对优越感的追求是所有人的通性。然而，并不是人人都能超越自卑，关键在于正确对待职业、社会和性，在于正确理解生活，明了人生的真谛。

那些自幼就有器官缺陷、被父母溺爱抑或被忽视的儿童，更容易在以后的生活中误入歧途；家长和老师应培养他们对别人、对社会的兴趣，使他们真正认识"生命的价值在于奉献而不是索取"。这样，他们就能够从自卑走向超越。阿德勒修正了弗洛伊德泛性论的精神分析观，使精神分析步入了新的里程。

因此，那些希望克服自卑感并在生活和事业上功成名就的人，会因《超越自卑》一书受益匪浅。

阿德勒的童年命运多舛，并且灾难不断，被灰暗笼罩着。这让他产生对死的恐惧，并因身体虚弱而感到悲哀。他觉得自己又丑又矮又笨，还患有驼背，无论怎样努力都赶不上哥哥，样样不如哥哥，因此他自惭形秽。这既是阿德勒不快乐的根源，也是他自卑的重要原因。阿德勒的许多观点都可以从他的童年生活中找到蛛丝马迹。5岁时，他患了肺炎，让他险些命丧黄泉，所以阿德勒的目标就是做个医生。

他举例说："记得我3岁的时候，从婴儿床上摔下来。"随着这种最原始的记忆。他反复做着这样的梦："世界末日来临了。我在午夜忽然醒来，看到天空被火光照得通红。星星像雨点一样纷纷坠下，地球将要和另一个星球相撞。但是，在被撞之前，我醒过来了。"有学生问他是否害怕什么东西，阿德勒回答道："我怕我不能在生活中获得成功。"

这说明儿童的心理创伤会给自身带来自卑感，因为他们非常弱小，必须依靠成人生活，行为举止都受到限制。一旦他们利用自卑感作为逃避的借口，便有可能发展成为神经病。若这种自卑感继续存在，就会产生一种充斥心间的不良情绪，便会构成"自卑情结"，会使他们萎靡不振。严重者儿时对父母敌视，长大后仇视社会，对任何人都不相信。

那么，何谓自卑呢？在心理学上，自卑是一种消极的自我评价或自我意识。如果一个人自卑，他就会低估自己的智力、能力、形象和品质；总是拿自己的短处和别人的长处相比，越比越觉得自己不如别人；开始自惭形秽，进而悲观失望，低迷消沉，不思进取，甚至破罐子破摔。

所以，自卑往往导致失败。克服自卑心理是一个非常重要的心理问题。一个人长得矮，为了显得高一些，总是踮起脚走路。两个小孩在比身高的时候，经常可以看到这种现象：担心自己矮的小孩，会挺直身板，并紧张地保持这种姿势。你如果要问他，是否担心自己矮，一般他不会承认。

有自卑感的人并不仅仅表现在比较安静、拘谨、柔弱、顺从，其表现往往千差万别。有三个小孩第一次来到动物园里，站在关着狮子的铁笼面前。第一个小孩面如土色，吓得浑身发抖，紧张地躲在母亲身后，央求道："妈妈，我们回家吧！"第二个小孩僵硬地站着，脸色白得像一张纸，用颤抖的声音说："狮子有什么了不起的，我一点儿都不怕！"第三个小孩目不转睛地盯着狮子，问他的妈妈："我可不可以吐它一口唾沫？"实际上，三个在狮子面前深感处于劣势的孩子都有自卑感，但他们分别以不同的方式表露了自卑。

自卑情结能够把一个人的意志摧毁，使他沉沦颓废。但是阿德勒认为，自卑是可以超越的，关键在于激发人内心超越自卑的潜在渴求，使他们通过努力来补偿自己的缺陷。

1907年，阿德勒发表文章说，缺陷可以引起自卑及其补偿。由于身体缺陷或其他原因造成的自卑，一方面能摧毁一个人，使人自甘堕落或变成精神病；另一方面它还能使人发愤图强，立志振作，以弥补自己的缺陷。古代希腊的戴蒙斯赛因斯小时患有口吃，经过数年的苦练，竟成为著名的演说家；美国的罗斯福总统，患有小儿麻痹症，却不屈不挠，艰苦奋斗，最终成为家喻户晓的历史名人；尼采体弱多病，他弃剑就笔，成为一代哲学大师。这些例子说明，一个人在某个方面有缺陷，有时候会迫使他在其他方面求得补偿。古往今来，这样的人举不胜举。

1911年，受德国哲学家怀亨格的《"虚假"的心理学》一书的影响，阿德勒认为，促使人类做出种种行为的是人类对未来的期望，而不是他们曾经的经验。虽然目标是虚假的，却能使人类根据期待做出种种行为。

很多时候，个人并不了解其目标的用意，因此，这种目标经常是潜意识的。阿德勒把这种虚假的目标之一称为"自我的理想"，认为个人能从中获得优越感，并能维护自我尊严。

# 踢猫效应：坏心情是怎样传染的

情绪是客观事物作用于人的感官而引起的一种心理体验。情绪有好有坏，感染的效果也会有正有负。现代医学研究发现，大多数人的疾病往往会从不良的情绪、失衡的心理中产生。良好的情绪会构成一种健康、轻松、愉悦的气氛，而坏情绪会造成紧张、敌意的气氛。在坏情绪的影响下，人际交往不但会出现问题，人还容易生病。为此，人们应该像重视环境污染一样，真正地把情绪污染重视起来。在心理学上有一个著名的踢猫效应：某公司职员杰克被老板骂了一顿；杰克很生气，就回家跟妻子吵了一架；妻子莫名其妙地被丈夫数落，正好儿子回家晚了，于是就打了儿子一记耳光；儿子捂着脸，看见自家的猫就狠狠地踢了它一脚。

我们在现实生活和工作中很容易发现，类似的踢猫效应屡见不鲜。在人际交往时，坏情绪扮演着非常恶劣的角色，有很多人在受到坏情绪传染后，并不能冷静地思考，也不会去分析自己为什么受到别人的斥责，总觉得心里很不舒服，于是就会下意识地去找替罪羊发泄心中的怨气。受到了别人的指责，心情不好是可以理解的，但是我们不能把这种不良情绪传递给别人，踢猫效应不仅于事无补，反而更容易激发其他矛盾。所以，如果有人训斥了你或者给了你脸色看，你要这样想：也许是别人踢了他的"猫"，所以他才会来"踢我"，他的所作所为与我没什么关系。当然，我们除了保持这种乐观的想法，还要学会如何对消极的事物做出积极的反应。

比如你遭到老板的训斥，也许是他的生意伙伴背叛了他，还有可能是昨天晚上他的妻子抱怨他没有洗脚，也有可能是他上午开车压了线被吃了罚单。这时候，作为一个员工必须要忍，不能流露出一丁点不满情绪。这就意味着你已经能对消极的事情做出积极的反应了，能够以愉快的态度去面对不愉快的事情。不要认为这是软弱的表现，事实上这种反应是最明智的。不管是工作还是生活中，我们都要防止情绪污染，从自我做起，尽量做到不将坏情绪传递给家人、朋友、同事。遇到消极情况时，还要学会调整情绪的技巧，遇到烦恼和挫折不能传染给他人，自己能够承受的一定承受。我们如果发现周围的人情绪不佳，还要及时做好疏导化解工作。

心理学家研究发现，有两个时间段是人的情绪变化的关键时间：早晨就餐前和晚上就寝前。要想保持好的情绪，就需要特别注意在这两个关键时间段内调整心态，和家人和睦相处，避免引起情绪污染。通常情况下，家庭某一个成员情绪不好时，其他成员就会受到感染，产生相应的情绪反应，造成沉闷、压抑的不良情绪。当然，人都是情绪性动物，任何人都会有情绪低落的时候。遇到自己心情不愉快的时候，我们要有忍耐和克制精神，尝试把不良情绪转移到其他事物上，不能把自己的坏心情传染给别人。

# 忘记是否因为记性不好

"健忘"在心理学上并不是简单的记性不好的问题，而被认为是某种意识被压抑的结果。一个人即使自我抑制的能力再高，也无法永远安全地压抑自己的本意，那些被压抑的欲望总会无意识地流露出来。当一个人想极力掩盖自己的真实意图时，他就会不停地告诫自己"绝对不能表露出来"。可实际上，在这个自我压抑的过程中，他们极易无意识地发生各种"健忘"行为。在生活中，我们可能会经常听到这样的声音：

公司前台的玲玲总抱怨："我男朋友真是个猪头，他竟然忘了我们相恋的时间。昨天是我们相识两年的日子，在吃饭的时候，我还特意提醒了他，没想到他竟然彻底忘记了，还说我莫名其妙，我一生气就走了，我打算和他分手！真是的，这是什么男人啊，真不可靠！"你的闺蜜也许会这样向你诉苦："我和我男朋友是异地恋，我知道他真的很忙。虽然他也知道我的生日，还在我生日的前几天给我邮寄了生日礼物，可是在我生日的当天，他却忘了祝福我。我真的很伤心，连我这么重要的日子都能忘，他还爱我吗？我打电话给他，他说他也很郁闷，说我一点都不理解他，他工作那么忙，让我原谅他。你说我该原谅他吗？他忘记了我的生日，是不是他已经不在乎我了？是不是不像原来一样爱我了？我能把自己的终身托付给这样的男人吗？"

你的邻居张姐可能也会对你这样说："我的老公可气人了，

他竟然把我们的结婚纪念日忘了，而且还振振有词地说男人都这样，男人嘛不都是大大咧咧的。我当时就生气地骂了他一顿，他真是过分。有一次他还忘记了我的生日，就更别提送礼物了。你说，我该跟他大吵一架还是冷战到底呢？你说这样正常吗？"

可能你会说，认为这当然不正常，男人再忙也会记得爱人的重要日子，忘了你的生日说明他不爱你了，这说明他不怎么在乎你了。可有人并不这样认为，他们觉得男人本来就是很粗线条的。男人忘记了爱人的生日并不代表他不爱她，只是说明他比较粗心。很多时候，女人总愿意把爱与不爱和男友记不记得自己的生日联系起来，但实际上很可能只是他们不太擅长记住这样的日子。那么到底谁说得对呢？是什么样的心理原因引发这样的健忘呢？

下面我们从心理学的角度客观公正地看看男人们健忘的背后隐藏着什么深意，是不是像我们想象的那样呢？一般情况下，人们会把主观意识难以控制的偶然的失误理解为"健忘"。但是，健忘在心理学看来，并不是简单的记不住，而是蕴含着特别的含义。通常来说，所谓的"健忘"有以下三种类型：

1.忘却，这里的忘却不是永久性的忘记，而仅指在一段时间内想不起来。

2.口误、笔误、说错字、视听错误等。

3.忘记摆放物体的地点，常表现为"怎么平时常用的东西突然找不到了"。之所以会出现这种情况，是因为在心理潜意识中自己并不真的在乎这个东西，很想寻找另外的替代品，或者根本就不愿意提起这个东西，连带着送这个东西的人都想忘记。

心理学认为，为了更好地适应复杂的人际关系，人们一般都会倾向于在潜意识中隐藏自己内心的真实想法。比如，即使你不喜欢对方，但为了获得对方的认可，还要表现出自己非常欣赏对方的样子；你与某人有些隔阂，但在外人面前，你可能表现得与那人非常亲密，这就表示你在努力隐藏自己的攻击欲望。健忘的道理也是如此，即使人们已经非常努力地去表现，但在无意识中，健忘还是会出卖其淡漠的本意。因为一个人即使自我抑制的能力再高，也无法永远安全地压抑自己的本意，总会无意识地把那些被压抑的欲望流露出来。

所以，"健忘"在心理学上并不是简单的记性不好的问题，而是由于被某种意识压抑的结果。就像上面那些遗忘女友生日的男人们，如果他们经常忘记约会，和恋人的亲密度有所下降，很可能这就是爱情变得淡漠的预兆。因为，当一个人想极力掩盖自己的真实意图时，他就会不停地告诫自己"绝对不能表露出来"。可实际上，在这个自我压抑的过程中，他们极易无意识地发生各种"健忘"行为。由此看来，怀疑自己男友的女孩子们确实要警惕起来，千万不要轻视了他的"健忘"。如果你感到他对你"健忘"的事情越来越多，你在此时就需要重新思考这段感情了。

此外，我们不可轻视另一种健忘。现在越来越多的年轻人对自己记不住东西很是不解，还有一些人出现了严重的记忆力下降、失眠、困乏、头晕等症状。这又是什么原因呢？这些健忘症往往是老年人的专利，可在我们身边为什么那么多的年轻朋友也会出现这样的健忘症状呢？这是神经系统的问题，还是心理因素导致的呢？一些医学专家研究认为，年轻人"健忘"多属假性记忆下降。一位神经内科专家表示，年轻人记忆力下降和年龄没有太大的关系，一般来说，敏感类型的人容易出现记忆力下降现象，这和心理因素有着很大的关系。心理研究证实，长期处于较大的精神压力之下是绝大多数年轻人记忆力减退的原因，由于心理、精神、睡眠等出现问题，才会引发一系列的"健忘症"，一般表现为紧张、焦虑、记忆力下降。所以，当压力得以释放，心理不良诱因得以解除，才能够彻底消除假性记忆力下降问题。

如果类似的"健忘症"症状在短时间内不能得以缓解，我们就要尝试用一些心理手段来调适自己的情绪：

1.自我疏导。转移负面情绪，把你的注意力转移到新鲜事物上。若心理上产生了新的体验，有可能驱逐和取代你的不安和健忘。

2.自我放松。健忘的时候，可以有意识地在行为上表现得快活、轻松和自信，还可以借助音乐、瑜伽、冥想等方法来帮助你放松情绪。

3.自我刺激。当你实在想不起一件事的时候，那就去想象失去某些重要东西的种种危险性，让这种自我刺激帮你回忆起丢失的记忆。当你觉得在这个过程中没有什么危险的时候，即使想象不到也可终止刺激，或许过一段时间你的记忆力就会回来了。

# 为何无缘无故就感到日夜煎熬

一说到焦虑，大多数人会想到焦急、烦躁、忧虑等不良情绪的字眼，在心里认定自然而然地焦虑并不是什么好事，因为这种不良的情绪会对我们的日常工作与生活带来巨大的影响，会让我们难以静下心来面对所遇到的人和事，难以跟身边的人和谐相处等等。

不仅仅如此，焦虑还会严重地影响到我们的身体健康。虽说我们没有人愿意如此，但事实上，我们又有多少人不会感到焦虑呢？尤其是在现今竞争激烈的社会环境中。

焦虑像影子一样跟随着我们，并且时不时地跳出来，就像是一团炙热的火焰在日夜地煎熬着我们，给不少人带来了痛苦。

焦虑真的有这么可怕吗？

在很多时候，只不过是我们在脑海中放大了焦虑对我们情绪上所带来的影响罢了。在心理学认为，人们出现焦虑并不一定全部都是坏事。

弗洛伊德最早从心理学对焦虑进行了研究分析，并把人们所出现的焦虑分为客观性焦虑和神经性焦虑。

客观性焦虑，就是我们对于环境中真实存在的危险的反应。例如，有些人在平时不善言语，若突然要他当众发表演说，在这个时候，由于他原来没有类似的经验，自然就会担心自己说不好，难免就会感到焦虑。我们不少人所表现出来的焦虑，就是这种焦虑。

而神经性焦虑则是潜意识中矛盾的结果。现实生活中，不少人会突然感到烦躁不安，又不知道究竟是什么原因让他们会有如此的感觉，这就是神经性焦虑。

事实上，任何一种焦虑在实质上都是因为我们在内心深处感到了"威胁"，并且在心里希望能够将这种"威胁"而产生的反应消除掉。

马丁·赛利格曼，美国的一名著名的心理学家，也是心理自助畅销书《认识自己，接纳自己》的作者，他把焦虑比作人的心灵之舌，并认为焦虑是危险来临时的信号，促使我们深思熟虑、冥思苦想，找到各种可能解决的方法。

这也就更进一步地说明了，焦虑并非如我们大多数人所想象的那般可怕，并非全部都是坏事。

相反，从一定程度上来说，还对我们有一定性的推动作用，即会让我们积极地去面对一些让我们可能感到威胁的事，让我们避免掉一些可能不好的事情发生。

可惜的是，在现实生活中，我们总是对于焦虑存在着各种各样的错误的认知，不能正确地面对焦虑，再加上焦虑给我们带来的不好的情绪体验，当焦虑出现时，不少人会出现选择性地逃避。

一件东西被摆放在桌子上面，就算你不想看到或者你一时之间没有察觉到，它就不会存在吗？

当我们感到焦虑，觉得有危险存在的时候，如果我们不能够找到真正的原因，并且积极地想办法解决，那种威胁仍然存在。它给我们带来的焦虑是永远不可能消除的，反而会不停地折磨着我们，影响到我们的心理与生理。

自从小许带了新的团队后，人就变得焦虑起来，总会有一种莫名其妙的烦躁困扰着他，他总是觉得自己有许多事要去做，却又不知道具体该怎么做，以至于显得很忙很乱。甚至有些时候，他躺在床上休息，在半睡半醒之间突然间翻身爬起，连自己都不知道为什么会把电脑打开，他明明记得自己好像是有些什么事情没有处理好，要急着处理，可是当电脑完全启动后，他对自己到底想要干什么又充满了迷茫，便坐在电脑前发愣。

为什么他会变得如此这般呢？

从心理学的角度上来看，原因很简单，那就是当他来到了一个全新的环境后，由于新的环境的转变，再加上他所在的公司竞争较为激烈，以至于在他的内心深处害怕、担心自己不能够融入新的环境之中，不能够把事情做到令人满意，会被激烈的竞争所淘汰。

那么，我们如何才能走出这种焦虑不安的情绪？

从心理学上来说，一些人不管如何努力，都是不可能真正地消除掉他所预感到的威胁。因为他所预感到的这种危险，在很大程度上并不是真正的危险，而是存在于脑海中的一种假设，它不是具体存在的，只是他觉得而已。

在这个时候，我们最要紧的是先让自己安静下来，不要去与之对抗，更不要试图选择采取各种方式去逃避。

倘若我们敢于正视自我焦虑，就能够很快地从焦虑之中走出，甚至能够在一些危险来临之前做好相应的准备。